集成基片间隙波导的原理及无线通信系统应用

陈剑培　主编

哈尔滨工业大学出版社

图书在版编目(CIP)数据

集成基片间隙波导的原理及无线通信系统应用/陈剑培主编. —哈尔滨:哈尔滨工业大学出版社,2024. 6. —ISBN 978—7—5767—1681—8

Ⅰ. TN92

中国国家版本馆 CIP 数据核字第 2024H3A233 号

策划编辑　常　雨

责任编辑　庞亭亭

封面设计　童越图文

出版发行　哈尔滨工业大学出版社

社　　址　哈尔滨市南岗区复华四道街 10 号　邮编 150006

传　　真　0451—86414749

网　　址　http://hitpress.hit.edu.cn

印　　刷　哈尔滨久利印刷有限公司

开　　本　720 mm×1 000 mm　1/16　印张 10.5　字数 186 千字

版　　次　2024 年 6 月第 1 版　2024 年 6 月第 1 次印刷

书　　号　ISBN 978—7—5767—1681—8

定　　价　70.00 元

(如因印装质量问题影响阅读,我社负责调换)

前　言

　　无线通信系统是支撑现代社会发展至关重要的基础设施,是推动全球可持续发展的重要理论。无线通信系统的范围非常广泛,根据不同的应用场景和技术特点,无线通信包括移动通信、无线局域网、蓝牙通信、射频识别、红外线通信、卫星通信等。这些通信系统推动了社会的发展。

　　本书研究的是以电磁波形式传输声音、文字、数据、图像和视频等的无线通信系统。英国物理学家麦克斯韦的电磁方程组完备地阐释了电磁波传播的基本规律和定律,描述了电场、磁场与电荷密度、电流密度之间的偏微分方程。目前无线通信系统的工作频段都集中在微波频段,即通过频率范围为 300 MHz ～ 300 GHz 的电磁波传播。传统的电路形式包括金属矩形波导、金属圆形波导等,其传输功率高,但在印刷电路板电路中存在难以集成的缺点,而传统的微带线电路存在高频辐射损耗大的缺点。

　　近年来随着微波毫米波电路的发展,以基片集成为手段的波导技术及滤波器、天线应用的研究越来越受到学术研究者和工业界的关注,促使通信系统向小型化、集成化、多功能性方向发展。近几年提出的集成基片间隙波导(integrated substrate gap waveguide,ISGW)技术利用印刷电路板技术实现了电路的自封装,降低了传统传输线在毫米波甚至亚毫米波频段的高辐射损耗,可以应用于滤波器、天线、功分器和耦合器等通信电路设计中,具有良好的电路性能。

　　本书展现了集成基片间隙波导的基础理论及其在无线通信系统中的应用,全书共 6 章:第 1 章介绍无线通信系统的波导传输线、ISGW 的应用,以及波导的研究方法三方面的内容;第 2 章介绍波导基础理论,包括电磁场基本理论、传输线理论和传输性能参数,并且比较了不同种类的波导传输线;第 3 章介绍集成基片间隙波导的传播特性,包括电磁带隙结构(EBG)的电路特性、ISGW 的电路结构、传播特性、特性阻抗、有效相对介电常数、传播常数,以及其他频段的 ISGW 模型的有效相对介电常数提取结果。第 4 章介绍应用于 5G 无线通信系统的集成基片间隙波导缝隙天线,包括 ISGW 馈电的缝隙天线、可调谐的 ISGW 馈电的缝隙天线、ISGW 带阻滤波天线等；第 5 章介绍应用于 5G 无线通信系统的集成基片间隙波导带通滤波器，包括 ISGW 腔体滤波器、ISGW 微带脊滤波器两类；第 6 章介绍集成基片间隙波导的另外一种形式——集成基片槽间隙波导，并将其应用在滤波器设计上。

　　本书得以完成，首先要感谢张秀普教授和申东娅教授，书中有关集成基片间隙波导的研究和应用是在两位教授的辛勤指导下完成的，其中 5.3 节内容参考了阮志东的部分工作。本书在编写过程中还得到了云南民族大学电气信息学院领导的支持和鼓励，在此一并表示诚挚的感谢。

　　本书适合无线通信系统工程及相关专业的科研人员、工程技术人员、高等院校师生阅读和参考。由于编者能力有限，书中难免存在疏漏与不足之处，恳请读者和相关专业同仁给予批评指正。

编　者

2024 年 4 月

缩 略 语

5G	第五代移动通信技术
6G	第六代移动通信技术
AMC	人工磁导体
BI-RME	边界积分谐振模式展开
BPF	带通滤波器
BSF	带阻滤波器
CM	耦合矩阵
CSRR	互补开口谐振环
DGS	缺陷地结构
EBG	电磁带隙
EQS	电准静态场
FDM	有限差分法
FDTD	时域有限差分
FEM	有限元法
GGW	槽间隙波导
GSM/FEM	混合广义散射矩阵和有限元方法
GW	间隙波导
HPF	高通滤波器
ISGW	集成基片间隙波导
LPF	低通滤波器
MoM	矩量法
MRGW	微带脊间隙波导
MS	微带线
PCB	印刷电路板
PEC	理想电导体

Q-TEM	准横电磁波
RGW	脊间隙波导
SIR	阶梯阻抗谐振器
SIW	基片集成波导
TE	横电波
TEM	横电磁波
TM	横磁波
TZ	传输零点

目　　录

第1章 概 述

无线通信系统的研发一直是通信研究领域的重点和热点,5G(第五代通信技术)、6G(第六代通信技术)的发展呈现多样化、大规模化,对通信信号的传输速率、通信设备的收发效率等方面提出了更严格的要求。

无线通信系统的发展对集成电路及其通信器件提出了更高要求。以微带线(microstrip line,MS)电路为代表的通信电路及器件设计在过去几十年间受到了广大研究者和工程领域的青睐,借助印刷电路板(PBC)技术被广泛应用在了通信系统的各个环节中,包括滤波器、天线、功分器、耦合器等。但是,随着毫米波频率的应用,无屏蔽的微带线导带使得电路在辐射损耗、插入损耗方面表现欠佳。

为了获得更低的插入损耗,使其能应用在毫米波频段的无线通信系统中,各种集成电路的理论和应用研究应运而生。

1.1 无线通信系统的波导传输线

5G 无线通信系统的数据传输速率标准已达到 1 Gbit/s,而未来无线通信系统的数据传输速率还将不断提升[1]。根据带宽和速率的香农容量关系,高速率的数据传输必须依靠较宽带宽的支持,25 GHz 以下的频段已经被各国运营商所占据,且各自频段并不宽裕。为了提高数据传输速率、扩宽通信使用频段,毫米波波段以其极大带宽的频谱资源成为公认的未来通信系统的使用频段。2017 年7 月,我国工业和信息化部将 24.75 ~ 27.5 GHz、37 ~ 42.5 GHz 确定为我国 5G 毫米波移动通信系统的两个实验频段,因此,毫米波无线通信系统的研究及应用是我国未来无线通信系统的重要部分[2]。

毫米波波段传统的导波结构已经无法满足技术要求。如低频使用的微带线技术在毫米波波段将会产生更多的辐射波和表面波,对其连接的毫米波器件造成不可避免的插入损耗和干扰。传统的矩形波导虽然传输效率高、损耗低,但存在体积大、难集成等缺点。因此,低损耗、高集成、小型化的新型波导技术研究是未来通信技术的关键。目前,基片集成波导(substrate integrated waveguide,

SIW)和金属间隙波导(gap waveguide，GW)是处于研究前沿的两种新型波导技术[3,4]。SIW具有良好的电路集成特性，加工简单，是具有高性能的平面传输线技术，但存在介质损耗。GW采用两层金属板实现了电路自封装，且传输性能优于SIW。

2016年，Zhang等学者提出了集成基片间隙波导(integrated substrate gap waveguide，ISGW)[5]。ISGW结合了SIW的集成电路和GW的平面自封装的优势。ISGW采用两层介质板或三层介质板，既具有小型化特性，易集成，又能实现低损耗，解决平面波和空间辐射的问题。

ISGW是基于基片集成技术，由GW发展得到的一种平面自封装技术。GW由两层金属板构成。间隙波导的功能结构示意图如图1.1所示[4,6]。上层金属板近似为理想电导体(perfect electric conductor，PEC)，下层是由两侧的高阻抗表面结构(如金属柱)作为人工磁导体(artificial magnetic conductor，AMC)和中间的导波结构作为PEC，两层金属板之间由间距小于四分之一波长的空气间隙隔开，电磁波被束缚在导波结构上传输，实现了导波结构不需要完全封闭的自封装。间隙波导的AMC部分为准周期结构，可以由周期性金属柱、蘑菇型电磁带隙(electromagnetic band gap，EBG)结构等实现，工作在一种高阻状态，使得电磁波不能在上面传播[6-8]。因此，在GW中，电磁波只能沿光滑的导波结构传输，如金属脊、金属槽。根据导波结构的不同，GW可以分为脊间隙波导(ridge gap waveguides，RGW)[3]和槽间隙波导(groove gap waveguides，GGW)[9]。RGW由于导波结构是金属脊，与上层金属板构成了不对称的双导体结构，而对称的双导体结构传输电磁波的模式为横电磁波(transverse electromagnetic，TEM)模式，因此RGW传输电磁波的模式是准横电磁波(Q-TEM)模式；而GGW由于导波结构为一个金属槽，因此传输电磁波的模式为横电波(transverse electric，TE)模式或者横磁波(transverse magnetic，TM)模式。

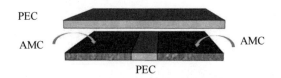

图1.1　间隙波导的功能结构示意图

脊间隙波导和槽间隙波导的特点及应用不同。脊间隙波导损耗低，阻抗匹配设计简单，已应用在天线馈电网络设计[10,11]中。槽间隙波导可以作为馈电系统来设计微波器件，如槽间隙波导漏波天线[12-14]；同时槽间隙波导以其谐振品质因数高的特性还在滤波器的设计研究方面得到了关注[15-17]。

金属间隙波导的性能非常优良,与金属矩形波导接近,且不同于金属矩形波导的全封闭结构,实现了电路的自封装。但金属结构难于加工、集成的特点成为金属间隙波导面临的难题。为解决间隙波导难集成的问题,研究人员考虑使用基片集成技术来实现间隙波导。一种改进的结构是微带脊间隙波导(microstrip ridge gap waveguide,MRGW),其属于半金属半基片的间隙波导[18,19],由下层介质板、一层空气间隙,以及上层金属板构成,实现了半集成。但是空气间隙受到挤压使波导性能不稳定,且上层金属板的固定也需特别处理,来形成一个稳定的空气间隙。另一种改进的结构是反微带脊间隙波导,该结构在下层介质板的人工磁导体和微带线之间引入了一层介质板,防止微带脊下方的金属柱干扰微带脊的电流,但保留空气间隙仍然存在结构挤压变形的问题[20,21]。对于以上两种改进的间隙波导,一个不可忽视的缺点是空气间隙的厚度会随着电路上方其他电路带来的压力变化而发生微小变化,进而导致结构变形;另外,空气的介电常数不可变也限制了间隙波导频率特性的可调谐性能。

为了克服以上缺点,ISGW 应运而生。ISGW 改进了 MRGW 技术,采用多层 PCB 技术在微带脊和上层导体之间加入一层介质基片过渡,稳定了波导结构,改善了微带脊空气波导的空气间隙高度不固定等缺点[5,22]。ISGW 直波导的结构如图 1.2(a)所示,其采用两层介质板结构,下层介质板的上表面覆铜近似为理想电导体,间隙波导的高阻抗表面结构为周期性双层 EBG 结构,金属脊由金属过孔连接微带线导带和地平面构成;上层介质板的一面印刷有传输微带线,另一面为覆铜结构,以实现对传输微带线的封装。ISGW 的传播模式为 Q-TEM 模式,与脊间隙波导相同。

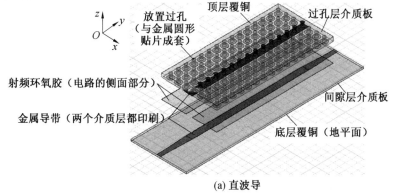

(a) 直波导

图 1.2 两层介质板的 ISGW 的结构

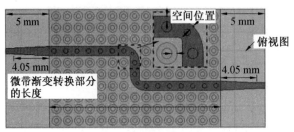

(b) 弯曲波导

续图 1.2

Zhang 等学者[5]对工作频段为 42～78 GHz 的 ISGW 模型进行加工测试,测试结果表明 ISGW 的插入损耗仅为 0.5 dB,回波损耗低于－20 dB,传输性能优良;Zhang 等学者[23]还设计了相同工作频段下的 ISGW 弯曲波导,如图 1.2(b)所示,通过设计圆弧弯曲微带脊和其下方小金属过孔的合适直径尺寸,ISGW 弯曲波导的性能可以非常接近于 ISGW 直波导的传输性能。Zhang 等学者还提出了一种三层介质板的 ISGW 结构[24]。三层介质板的 ISGW 结构如图 1.3 所示,微带线蚀刻在中间层介质板上,使得波导走向的设计更灵活,也易于设计天线等器件的馈电结构。

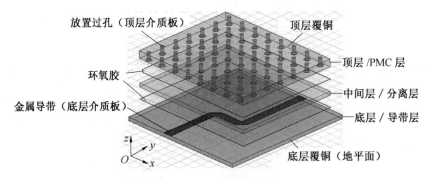

图 1.3 三层介质板的 ISGW 结构[18]

ISGW 是无线通信系统集成电路发展的产物,它以稳定的基片集成结构、自封装特性等特点,在微波、毫米波频段的无线通信系统设计中得到发挥。

1.2 ISGW 的应用

ISGW 兼具了基片集成波导与间隙波导两者的优点,既具有小型化特性,易集成,又能实现低损耗,解决平面波和空间辐射的问题。因此,ISGW 技术在无线通信系统中有很多应用场景,包括无源器件的滤波器、天线、耦合器、功分器等电路。目前的研究也已经表明,ISGW 器件获得了优良的电路性能[25-33]。

ISGW 天线由于辐射特性集中在最大增益方向上,具有高增益的特性,且工作带宽也很宽。如图 1.4(a)所示,文献[25]以 ISGW 作为馈电电路设计的方形缝隙天线在 60 GHz 中心频率处达到了 35% 的带宽,增益达到 7 dB。如图 1.4(b)所示,文献[26]提出了一种低轮廓、易集成、宽频带、高增益的磁电偶极子天线,其由矩形棱角片和金属过孔组成,嵌入 ISGW 的金属面上的方形孔径中,其阻抗带宽为 22.4~30 GHz,平均增益为 8.04 dBi。

(a) 宽带 ISGW 缝隙天线结构　　　　(b) ISGW 磁电偶极子天线

图 1.4　ISGW 天线结构

文献[27]提出 ISGW 分支线耦合器,结构如图 1.5(a)所示。ISGW 分支线耦合器由两层介质基片构成,能量通过微带脊传输,拥有宽带宽和高隔离,在 23.6~29 GHz 频段内,回波损耗低于 −20 dB,隔离度高于 20 dB。

(a) ISGW 分支线耦合器　　　　　　(b) ISGW 的 T 型功分器

图 1.5　ISGW 器件

文献[29]提出了一种 ISGW 的 T 型功分器,如图 1.5(b)所示。ISGW 的 T 型功分器在地面上开缝加入隔离电阻等效为威尔金森功分器,在工作频带内隔离度高于 16 dB。

　　基于 ISGW 的滤波器电路具有多种可调谐特性[30-32]。在基片集成波导滤波器设计中，金属地上开缝隙可以实现滤波功能，利用 ISGW 封装能够减小外部辐射的干扰和内部能量泄漏引起的损耗。文献[30]提出七阶 ISGW 结构带通滤波器(band pass filter,BPF)，该带通滤波器具有三层结构，底层介质板为 SIW 滤波结构，中间和上层介质板实现 ISGW 封装，如图 1.6(a)所示。文献[31]提出了五阶 ISGW 带通滤波器，通过在耦合层增加矩形缝隙数量增强电耦合，实现了超宽带带通滤波器，通带范围为 14.4～20.7 GHz，相对带宽为 36%，如图 1.6(b)所示。文献[32]改进了文献[30]的带通滤波器结构，采用 U 形缝隙来调谐滤波特性，实现了滤波通带外的两个传输零点(transmission zero,TZ)，提高滤波器的带外抑制特性，如图 1.6(c)所示。

  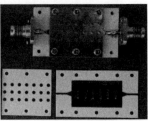

(a) 宽阻带带通滤波器　　(b) 超宽带带通滤波器　　(c) 双传输零点滤波器

图 1.6　ISGW 带通滤波器

　　ISGW 是将金属脊间隙波导进行了基片集成，而金属槽间隙波导的基片集成及工作原理研究等工作还未见相关文献。槽间隙波导的 TE 传输模式类似于传统矩形波导的传播模式，在滤波器、波导缝隙天线等方面具有很大的应用潜力。

1.3　波导的研究方法

　　波导可以用于微波、毫米波等工作频率下的电路，电磁波被束缚在两个导体之间，不但要考虑传输的幅度衰减，还要考虑相位衰减，研究方法有如下四类：

　　(1)场的方法。

　　场的方法从麦克斯韦方程组出发，根据边界条件求解场点的位标量函数或者位矢量函数，给出理论解析解，适用于简单的波导结构。

　　(2)传输线方法。

　　传输线方法的基本思想是将传输线划分为一系列单元，每一单元都可以看成一个集总参数元件，如电阻、电感、电容等，可以将波导看作一种特殊的传输线结构,利用传输线理论来研究一段均匀波导的阻抗特性。但是,传输线方法也有一些限制,例如,它只能用于求解静态问题,不适用于求解动态问题;另外,当传输线长度较大时,计算量会很大,可能会影响计算效率。

(3)数值计算法。

数值计算法基于有限元法(finite element method,FEM)或有限差分法(finite difference method,FDM),将波导划分为很多小块,并在每个小块上假设一个近似函数,然后利用数值计算的方法求解整个问题。数值计算法求解波导问题的步骤包括:选择如有限元法或有限差分法等合适的数值计算方法,将波导划分为很多小块并假设近似函数;编制相应的数值计算程序用于求解问题;运行程序获取最终的计算结果。数值计算法具有高效、准确的特点,可以求解复杂形状的波导问题。但是,这种方法也存在一些不足,如计算时间较长、消耗资源较多等。因此,在实际应用中,需要根据问题的具体情况,选择合适的求解方法。

(4)等效电路法。

等效电路法将波导看作一个电路模型,并利用电路理论中的基本定律来求解问题。等效电路法求解波导问题的步骤包括:将整个波导或者波导的一部分看作一个集总参数元件,对电路模型进行分析得到各元件之间的关系,通过电路模型的关系获得波导内部电磁场的信息。等效电路法具有简单易懂、便于操作等特点,适合解决一些简单的波导问题。但是,如果波导的问题较为复杂,利用等效电路法解决可能会变得困难。实质上,该类方法和数值计算方法类似,但等效电路法更强调宏观性,可以与微波电路的网络参数分析方法结合使用。

在求解一个波导问题时,上述四种方法可以单独使用或者联合使用。例如,对于目前的基片集成波导(SIW)来说,研究方法包括场的方法、等效电路法和数值计算法等,研究对象包括特性阻抗、衰减常数、介电常数和色散特性等。SIW的研究工作中,确定 SIW 的有效宽度、金属柱尺寸和间距是设计的首要问题。目前广泛使用的 SIW 设计理论是利用边界积分谐振模式展开(BI-RME)结合Floquet定理得到色散特性,其中 BI-RME 方法可以计算任何形式金属柱的 SIW周期单元的广义导纳矩阵,金属柱的周期性可以利用 Floquet 定理得到特征值[34]。文献[35]基于频域有限差分法分析了 SIW 导波特性,而文献[36]混合广义散射矩阵和有限元法(GSM/FEM)准确地描述了矩形波导截面、过渡区和外部平行板区域的场分布,提取的色散传播特性显示出 49～ 52.5 GHz 的复杂模态。

场的方法的经典应用是对传统微带线电路的分析。传统微带线经典的解析分析方法是通过计算导体上的线电容分布来确定特性阻抗或者色散特性,包括保角映射、变分法和谱域法[37-41]。霍普金斯大学的 Wheeler 教授研究了平行带状线的传输线特性,通过保角映射方法用普通函数来近似表示导体上的线电容分布[37]。伊利诺伊大学的 Yamashita 教授采用变分法分析了微带线的传输特性,将导体上的线电容分布表示为电荷分布和电势的积分,利用边界条件和格林函数求解[38],并被其他学者引用计算多层介质板的带状线传输特性[39]。加利福尼亚州大学洛杉矶分校的 Itoh 教授应用谱域的伽辽金方法对变分方程进行变换,得到了开放微带线色散特性的特征方程[41]。

数值计算法为微带线及类似微带线的传输线分析提供了另一种解决方案,以计算机为载体使传输线的建模和分析更加便利。常用的数值计算法包括时域有限差分(finite-different time-domain,FDTD)法、矩量法(method of moments,MoM)和有限元法(FEM)[42-45]。时域有限差分法研究槽微带线和印刷耦合线,可以快速得到不同物理参数下的分析结果[42,43]。Farhad 等学者改进了传统矩量法,采用一种高阶 MoM 方法对复杂截面的传输线进行了精确的分析[44]。有限元法可以分析很多结构规则的传输线,在有限元法基础上不使用精细离散化,将人工材料单层法推广到多层屏蔽传输线模型,结果也非常精确[45]。业界著名的商用软件 ANSYS 是美国 ANSYS 公司研制的基于有限元分析法的仿真软件,可以对传输线模型进行精确的网格划分和建模。电磁仿真软件 CST Studio Suite(简称 CST)也采用有限元法对电磁场、电路和热系统等进行时域、频域、本征模的电磁场分析。

对于单层介质板的传输线,利用介质板的相对介电常数可以描述电磁波的传播特性;而对于非均匀介质传输线或多层介质板构成的传输线,利用介质板的相对介电常数不能对传输线的传播特性进行准确描述。对于非均匀介质传输线或多层介质板构成的传输线,可以定义有效相对介电常数来确定传播常数和波长等传输参数。微带线、ISGW、微带脊间隙波导、反微带间隙波导等都属于工作在非均匀介质环境的传输线。微带线作为传统的传输线,对特性阻抗、有效相对介电常数等进行了完整的研究,利用变分法等推导出了有效相对介电常数的解析表达式,并给出了十分精确的经验公式表格[46,47]。而其他传输线的研究大多集中在特性阻抗理论,反微带间隙波导基于经典的变分方法对特性阻抗、介电损耗和导体损耗进行了推导[48]。

1.4　本章小结

本章首先概述了目前无线通信系统中的波导传输线的研究现状,ISGW 兼具了基片集成波导与间隙波导两者的优点,既具有小型化特性,易集成,又能实现低损耗,解决平面波和空间辐射的问题;其次介绍了在无线通信系统的无源器件方面的已有工作,ISGW 在滤波器、天线、耦合器、功分器等电路中都展现了优良的特性;最后对波导的研究方法进行了总结和举例,总结了常见的场的方法、传输线方法、数值计算法、等效电路法共四种方法。

本章参考文献

[1] ANDREWS J G, BUZZI S, CHOI W, et al. What will 5G be? [J]. IEEE Journal on Selected Areas in Communications, 2014, 32(6): 1065-1082.

[2] WANG H M, ZHANG P Z, LI J, et al. Radio propagation and wireless coverage of LSAA-based 5G millimeter-wave mobile communication systems[J]. China Communications, 2019, 16(5): 1-18.

[3] DESLANDES D, WU K. Single-substrate integration technique of planar circuits and waveguide filters[J]. IEEE Transactions on Microwave Theory and Techniques, 2003, 51(2): 593-596.

[4] KILDAL P S, ALFONSO E, VALERO-NOGUEIRA A, et al. Local metamaterial-based waveguides in gaps between parallel metal plates[J]. IEEE Antennas and Wireless Propagation Letters, 2009, 8: 84-87.

[5] ZHANG J, ZHANG X P, SHEN D Y. Design of substrate integrated gap waveguide[C]//2016 IEEE MTT-S International Microwave Symposium (IMS). San Francisco, CA. IEEE, 2016: 1-4.

[6] KILDAL P S. Waveguides and transmission lines in gaps between parallel conducting surfaces: US8803638[P]. 2014-08-12.

[7] KILDAL P S. Three metamaterial-based gap waveguides between parallel metal plates for mm/submm waves[C]//2009 3rd European Conference on Antennas and Propagation. Berlin, Germany. IEEE, 2009: 28-32.

[8] RAJO-IGLESIAS E, KILDAL P S. Numerical studies of bandwidth of parallel-plate cut-off realised by a bed of nails, corrugations and mushroom-type electromagnetic bandgap for use in gap waveguides[J]. IET Microwaves, Antennas & Propagation, 2011, 5(3):282-289.

[9] RAJO-IGLESIAS E, KILDAL P S. Groove gap waveguide: A rectangular

waveguide between contactless metal plates enabled by parallel-plate cut-off [C]//Proceedings of the Fourth European Conference on Antennas and Propagation. Barcelona, Spain. IEEE, 2010: 1-4.

[10] CAO J Y, WANG H, MOU S X, et al. W-band high-gain circularly polarized aperture-coupled magneto-electric dipole antenna array with gap waveguide feed network[J]. IEEE Antennas and Wireless Propagation Letters, 2017, 16: 2155-2158.

[11] VOSOOGH A, KILDAL P S. Corporate-fed planar 60-GHz slot array made of three unconnected metal layers using AMC pin surface for the gap waveguide[J]. IEEE Antennas and Wireless Propagation Letters, 2016, 15: 1935-1938.

[12] VUKOMANOVIC M, VAZQUEZ-ROY J L, QUEVEDO-TERUEL O, et al. Gap waveguide leaky-wave antenna[J]. IEEE Transactions on Antennas and Propagation, 2016, 64(5): 2055-2060.

[13] CAO J Y, WANG H, TAO S F, et al. Highly integrated beam scanning groove gap waveguide leaky wave antenna array[J]. IEEE Transactions on Antennas and Propagation, 2021, 69(8): 5112-5117.

[14] WANG S Z, LI Z, WEI B, et al. A ka-band circularly polarized fixed-frequency beam-scanning leaky-wave antenna based on groove gap waveguide with consistent high gains[J]. IEEE Transactions on Antennas and Propagation, 2021, 69(4): 1959-1969.

[15] ZAMAN A U, KILDAL P S, KISHK A A. Narrow-band microwave filter using high-Q groove gap waveguide resonators with manufacturing flexibility and No sidewalls [J]. IEEE Transactions on Components, Packaging and Manufacturing Technology, 2012, 2(11): 1882-1889.

[16] SUN D Q, XU J P. A novel iris waveguide bandpass filter using air gapped waveguide technology[J]. IEEE Microwave and Wireless Components Letters, 2016, 26(7): 475-477.

[17] AL-JUBOORI B, HUANG Y, KLUGMANN D, et al. Millimeter wave cross-coupled bandpass filter based on groove gap waveguide technology [C]//2017 10th UK-Europe-China Workshop on Millimetre Waves and Terahertz Technologies (UCMMT). Liverpool, UK. IEEE, 2017: 1-4.

[18] RAZA H, YANG J, KILDAL P S, et al. Microstrip-ridge gap waveguide-study of losses, bends, and transition to WR-15[J]. IEEE Transactions on Microwave Theory and Techniques, 2014, 62(9): 1943-1952.

[19] BIRGERMAJER S, JANKOVIC N, RADONIC V, et al. Microstrip-ridge gap waveguide filter based on cavity resonators with mushroom inclusions [J]. IEEE Transactions on Microwave Theory and Techniques, 2018, 66 (1): 136-146.

[20] VOSOOGH A, BRAZÁLEZ A A, KILDAL P S. A V-band inverted microstrip gap waveguide end-coupled bandpass filter[J]. IEEE Microwave and Wireless Components Letters, 2016, 26(4): 261-263.

[21] DENG J Y, LI M J, SUN D Q, et al. Compact dual-band inverted-microstrip ridge gap waveguide bandpass filter[J]. IEEE Transactions on Microwave Theory and Techniques, 2020, 68(7): 2625-2632.

[22] ZHANG J, ZHANG X P, KISHK A A. Study of bend discontinuities in substrate integrated gap waveguide[J]. IEEE Microwave and Wireless Components Letters, 2017, 27(3): 221-223.

[23] ZHANG J, ZHANG X P, KISHK A A. Design of substrate integrated gap waveguide and their transitions to microstrip line, for millimeter-wave applications[J]. IEEE Access, 2019, 7: 154268-154276.

[24] ZHANG J, ZHANG X P, SHEN D Y, et al. Packaged microstrip line: A new quasi-TEM line for microwave and millimeter-wave applications[J]. IEEE Transactions on Microwave Theory and Techniques, 2017, 65(3): 707-719.

[25] ZHANG J, ZHANG X P, KISHK A A. Broadband 60 GHz antennas fed by substrate integrated gap waveguides[J]. IEEE Transactions on Antennas and Propagation, 2018, 66(7): 3261-3270.

[26] SHEN D Y, MA C J, REN W P, et al. A low-profile substrate-integrated-gap-waveguide-fed magnetoelectric dipole[J]. IEEE Antennas and Wireless Propagation Letters, 2018, 17(8): 1373-1376.

[27] SHEN D Y, WANG K, ZHANG X P. A substrate integrated gap waveguide based wideband 3-dB coupler for 5G applications[J]. IEEE Access, 2018, 6: 66798-66806.

[28] SA Y C, SHEN D Y, ZHANG X P. Characteristic impedance of integrated substrate gap waveguide[J]. International Journal of RF and Microwave Computer-Aided Engineering, 2021, 31(8): 1-15.

[29] 项猛,申东娅,王珂. 基于 SIGW 的 T 型功分器[J]. 移动通信,2019,43(2): 74-77.

[30] DONG M, SHEN D Y, ZHANG X P, et al. Substrate integrated gap waveguide bandpass filters with high selectivity and wide stopband[C]// 2018 IEEE/MTT-S International Microwave Symposium - IMS. Philadelphia, PA, USA. IEEE, 2018: 285-288.

[31] RUAN Z D, SHEN D Y, YUAN H, et al. A self-packaged ultra-wide band bandpass filter using integrated substrate gap waveguide[C]//2019 IEEE MTT-S International Wireless Symposium (IWS). Guangzhou, China. IEEE,2019:1-3.

[32] YANG J, SHEN D Y, ZHANG X P. Integrated substrate gap waveguide wideband bandpass filter with two transmission zeros and wide stopband [C]//2019 International Conference on Microwave and Millimeter Wave Technology (ICMMT). Guangzhou, China. IEEE, 2019: 1-3.

[33] ZHANG J, ZHANG X P, SHEN D Y, et al. Design of packaged microstrip line[C]//2016 IEEE International Conference on Microwave and Millimeter Wave Technology (ICMMT). Beijing, China. IEEE, 2016: 82-84.

[34] CASSIVI Y, PERREGRINI L, ARCIONI P, et al. Dispersion characteristics of substrate integrated rectangular waveguide[J]. IEEE Microwave and Wireless Components Letters, 2002, 12(9): 333-335.

[35] XU F, ZHANG Y L, WEI H, et al. Finite-difference frequency-domain algorithm for modeling guided-wave properties of substrate integrated waveguide[J]. IEEE Transactions on Microwave Theory and Techniques, 2003, 51(11): 2221-2227.

[36] LI X R, TZUANG C K C, WU H S. Dispersion characteristic a periodic substrate integrated waveguide of parallel metallic plates[C]//2014 International Conference on Numerical Electromagnetic Modeling and Optimization for RF, Microwave, and Terahertz Applications (NEMO). Pavia,

Italy. IEEE, 2014: 1-4.

[37] WHEELER H A. Transmission-line properties of parallel strips separated by a dielectric sheet[J]. IEEE Transactions on Microwave Theory and Techniques, 1965, 13(2): 172-185.

[38] YAMASHITA E. Variational method for the analysis of microstrip-like transmission lines [J]. IEEE Transactions on Microwave Theory and Techniques, 1968, 16(8): 529-535.

[39] CRAMPAGNE R, AHMADPANAH M, GUIRAUD J L. A simple method for determining the Green's function for a large class of MIC lines having multilayered dielectric structures[J]. IEEE Transactions on Microwave Theory and Techniques, 1978, 26(2): 82-87.

[40] JANSEN R H. The spectral-domain approach for microwave integrated circuits[J]. IEEE Transactions on Microwave Theory and Techniques, 1985, 33(10): 1043-1056.

[41] ITOH T, MITTRA R. Spectral-domain approach for calculating the dispersion characteristics of microstrip lines (short papers)[J]. IEEE Transactions on Microwave Theory and Techniques, 1973, 21(7): 496-499.

[42] CHAMMA W, GUPTA N, SHAFAI L. Dispersion characteristics of grooved microstrip line (GMSL)[J]. IEEE Transactions on Microwave Theory and Techniques, 2000, 48(4): 611-615.

[43] AHMED S. Finite-difference time-domain analysis of electromagnetic modes inside printed coupled lines and quantification of crosstalk[J]. IEEE Transactions on Electromagnetic Compatibility, 2009, 51(4): 1026-1033.

[44] SHEIKH HOSSEINI LORI F, HOSEN M S, MENSHOV A, et al. New higher order method of moments for accurate inductance extraction in transmission lines of complex cross sections[J]. IEEE Transactions on Microwave Theory and Techniques, 2017, 65(12): 5104-5112.

[45] CRUCIANI S, CAMPI T, MARADEI F, et al. Finite-element modeling of conductive multilayer shields by artificial material single-layer method[J]. IEEE Transactions on Magnetics, 2020, 56(1):1-4.

[46] HAMMERSTAD E O. Equations for microstrip circuit design[C]//1975

5th European Microwave Conference. Hamburg，Germany. IEEE，1975：268-272.

[47] CARVER K，MINK J. Microstrip antenna technology[J]. IEEE Transactions on Antennas and Propagation，1981，29(1)：2-24.

[48] LIU J L，YANG J，ZAMAN A U. Analytical solutions to characteristic impedance and losses of inverted microstrip gap waveguide based on variational method[J]. IEEE Transactions on Antennas and Propagation，2018，66(12)：7049-7057.

第 2 章　波导基础理论

ISGW 属于一种基于印刷电路板技术的自封装、双导体波导结构,分析方法包括电磁场理论方法、传输线方法等,本章将介绍电磁场基本理论、传输线理论、波导的传输参数,以及常见的几种波导传输线,并对结构特点和传输性能进行比较。

2.1　电磁场基本理论

ISGW 工作在毫米波频段,属于无源传播环境。在无源的均匀介质中,麦克斯韦方程组描述了电磁场的特性[1],即

$$\nabla \times \boldsymbol{E} = -\frac{\partial \boldsymbol{B}}{\partial t} \tag{2.1a}$$

$$\nabla \times \boldsymbol{H} = \frac{\partial \boldsymbol{D}}{\partial t} \tag{2.1b}$$

$$\nabla \cdot \boldsymbol{D} = 0 \tag{2.1c}$$

$$\nabla \cdot \boldsymbol{B} = 0 \tag{2.1d}$$

式中,电场 $\boldsymbol{E}$ 和电位移矢量 $\boldsymbol{D}$ 满足 $\boldsymbol{D} = \varepsilon \boldsymbol{E}$;磁场 $\boldsymbol{H}$ 和磁感应强度 $\boldsymbol{B}$ 满足 $\boldsymbol{B} = \mu \boldsymbol{H}$, μ 为磁导率。

在直角坐标系中,令 $\nabla = i_x \frac{\partial}{\partial x} + i_y \frac{\partial}{\partial y} + i_z \frac{\partial}{\partial z}$,其中 i_x、i_y、i_z 为各坐标轴的单位矢量。$\varepsilon = \varepsilon_r \varepsilon_0$,其中 ε_0 表示自由空间的介电常数,ε_r 表示相对介电常数。

对式(2.1)化简求解,得到电场矢量的亥姆霍兹方程为

$$\nabla^2 \boldsymbol{E} + k^2 \boldsymbol{E} = 0 \tag{2.2}$$

式中,$k^2 = \omega^2 \mu \varepsilon$,$k$ 为波数。

同样,磁场矢量 $\boldsymbol{H}$ 也满足亥姆霍兹方程。亥姆霍兹方程的解是谐函数,如在直角坐标系 x 轴方向上的 $e^{jk_x x}$、$e^{-jk_x x}$ 等,且当 k_x 为复数时,表示在 x 轴方向上传输衰减电磁波。

对于普通媒质中传输的平面波,除了本构关系外,还可以利用亥姆霍兹方程给出平面波的时谐形式,即

$$E(z,t)=E^+\cos(\omega t-kz)+E^-\cos(\omega t+kz) \tag{2.3}$$

式中,E^+ 和 E^- 为实数,传播方向为 $+z$ 和 $-z$ 方向上的电场振幅。

由式(2.3)可以得出电磁波的特征如下:

(1)平面波的波长 λ。

波长 λ 定义为波在一个确定的时刻,两个相邻波峰之间的距离,因此可以用波数来计算波长 λ。波长和波数之间的关系为 $\lambda=2\pi/k$。

(2)平面波的传播速度,称为相速 v_{p}。

相速定义为波传播过程中一个固定的相位点的运动速度,$v_{\mathrm{p}}=\mathrm{d}z/\mathrm{d}t=\omega/k=1/\sqrt{\mu\varepsilon}$。在真空中相速为光速。

(3)平面波的本征阻抗 η。

本征阻抗定义为电场和磁场之比,$\eta=\sqrt{\mu/\varepsilon}=\omega\mu/k$。在真空中波阻抗为 $\eta_0=\sqrt{\mu_0/\varepsilon_0}=377\ \Omega$。

(4)媒质的复传播常数 γ。

复传播常数 γ 也称为复波数或相位常数,是一个复杂的物理量,用于描述电磁波在介质中传播时的相位和衰减特性。它通常表示为 $\gamma=\alpha+\mathrm{j}\beta$,其中 α 是衰减系数(也称衰减常数),表示电磁波在单位长度上的能量损失;β 是相移常数(也称传播常数),表示电磁波在单位长度上相位的变化。也就是说,γ 的实部和虚部分别反映了信号的能量损耗和相位变化。复传播常数与传输线的特性参数有关,包括介电常数、磁导率和阻抗等。通过测量复传播常数,可以了解传输线的性能,如衰减、反射、延迟和色散等。在通信系统中,复传播常数是设计和分析的关键参数之一。通过优化传输线的设计,可以减少衰减和色散,并提高信号的质量和稳定性。

边界条件是麦克斯韦方程求解的条件,在两种不同介质(介质 1 和介质 2)界面的两侧,其电磁场量 E_1、E_2、H_1 和 H_2 应满足下列边界条件:

$$\boldsymbol{n}\times(\boldsymbol{E}_1-\boldsymbol{E}_2)=\boldsymbol{0} \tag{2.4a}$$

$$\boldsymbol{n}\times(\boldsymbol{H}_1-\boldsymbol{H}_2)=\boldsymbol{J}_{\mathrm{s}} \tag{2.4b}$$

式中,$\boldsymbol{n}$ 是垂直于边界面并指向介质 1 的单位法线矢量;$\boldsymbol{J}_{\mathrm{s}}$ 是边界面上的表面电流密度。若两种介质之一为理想导体,由于理想导体内部无电磁场存在,则令下标为 1 或者 2 的电磁场量为零,可得到新的边界条件。

传输线的传输模式可分为 TEM 模式、TE 模式和 TM 模式三类,传播的电磁波分别称为横电磁波、横电波和横磁波。假设电磁波沿着 z 轴方向传播,且电场和磁场的分量分别为 E_z 和 H_z,则 TEM 模式、TE 模式和 TM 模式的电磁场分别满足：

TEM 模式：$\qquad\qquad E_z=0, H_z=0$ $\qquad\qquad$ (2.5a)

TE 模式：$\qquad\qquad E_z=0, H_z\neq0$ $\qquad\qquad$ (2.5b)

TM 模式：$\qquad\qquad E_z\neq0, H_z=0$ $\qquad\qquad$ (2.5c)

Q-TEM 模式的传输线在横截面尺寸远小于波长时（如微带线），可以采用电准静态场方法进行分析[2]。

本书研究的 ISGW 的横截面高度远小于工作波长，因此采用电准静态场（electroquaistatic，EQS）分析。

电准静态场指当磁场随时间缓慢变化时，可以忽略对时间的导数项 $\partial\boldsymbol{B}/\partial t$ 时的电磁场，即感应电场与库仑电场相比其影响很小，可以忽略。则麦克斯韦方程组的第一方程(2.1a)简化为 $\nabla\times\boldsymbol{E}=\boldsymbol{0}$。可以看出，EQS 电场具有与静电场相同的特性——有源无旋性，因此 ISGW 可以采用静电场方法来计算 EQS，可以用时间变化的电势的负梯度来表示 EQS，进而利用电势微分方程和边值关系，通过格林函数方法求解电场分布[3]。

ISGW 横截面的电场可以表示为电势的负梯度：$\boldsymbol{E}=-\nabla\varphi$，结合关系式 $\boldsymbol{D}=\varepsilon\boldsymbol{E}$，将式(2.5)代入式(2.1c)，可得

$$\nabla^2\varphi=-\frac{\rho}{\varepsilon}\qquad\qquad(2.6)$$

式(2.6)为泊松方程，由 ISGW 的边界条件就可以确定电势 φ 的解。

而格林(Green)函数给出了单位点电荷满足式(2.6)微分方程的解。一个处于 x' 点上的单位点电荷所激发的电势 $\varphi(x)$ 满足泊松方程

$$\nabla^2\varphi(x)=-\frac{\delta(x-x')}{\varepsilon}\qquad\qquad(2.7)$$

式中，$\delta(x-x')$ 是移位冲激函数。

设包含 x' 点的某空间区域的边界 S 上有边界条件

$$\varphi|_s=0\qquad\qquad(2.8)$$

则式(2.7)满足边界条件式(2.8)的解称为泊松方程在该区域的第一类边值问题的格林函数。若满足另一边界条件

$$\varphi|_s=-\frac{1}{\varepsilon S}\qquad\qquad(2.9)$$

则式(2.7)满足边界条件式(2.9)的解称为泊松方程在该区域的第二类边值问题的格林函数。

格林函数一般表示为 $G(x,x')$，其中 x' 为源点，x 为场点。在式(2.7)中把

$\varphi(x)$ 写为 $G(x,x')$，得格林函数所满足的微分方程为

$$\nabla^2 G(x,x') = -\frac{\delta(x-x')}{\varepsilon} \tag{2.10}$$

2.2　传输线理论

　　传输线理论将电磁场分析和基本电路理论联系起来，可以研究尺寸远小于工作波长的毫米波电路。ISGW 在微波、毫米波工作时，如作为谐振器，尺寸为四分之一波长，可以认为远小于工作波长，因此可以近似采用传输线理论方法。

　　传输线理论是一种求解电磁波传输问题的有效手段，可以将复杂的电磁波传输问题转化为易于处理的电路模型，在短时间内完成大量的计算任务，提高计算效率。传输线理论方法基于电磁场的基本理论，可以得到精确的结果，尤其是在短距离传输和高频传输的情况下效果更好，不仅可以用于解决电磁波传输问题，还可以用于解决诸如无线通信系统的无源器件电路设计、信号处理、无线通信等多种工程问题。

　　传输线模型用双导线来描述，如图 2.1(a)所示，传播方向为 z 方向，传输线上的电流电压是传播距离和时间的函数，表示为 $i(z,t)$ 和 $v(z,t)$。传输线上的一小段线 Δz 可以模拟为一个集总元件电路，如图 2.1(b)所示，其中，串联的电阻 R 和电感 L、并联支路的电导 G 和电容 C 表示传输线的分布参数[1]。

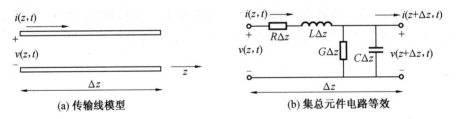

(a) 传输线模型　　　　　　　　(b) 集总元件电路等效

图 2.1　传输线模型及集总电路等效

　　电压电流在时间上是周期性的，可以表示为相量 $V(z)$ 和 $I(z)$。应用基尔霍夫电压、电流定律，传输线上某一点 z 处的电压 $V(z)$、电流 $I(z)$ 的微分方程可以表示为

$$\frac{dV(z)}{dz} = -(R+j\omega L)I(z) \tag{2.11a}$$

$$\frac{dI(z)}{dz} = -(G+j\omega C)V(z) \tag{2.11b}$$

上式在形式上与麦克斯韦方程式(2.1a)和式(2.1b)相似。联立式(2.11a)和式

(2.11b),可以得到关于 $V(z)$ 和 $I(z)$ 的波动方程,有

$$\frac{\mathrm{d}^2 V(z)}{\mathrm{d}z^2} - \gamma^2 I(z) = 0 \tag{2.12a}$$

$$\frac{\mathrm{d}^2 I(z)}{\mathrm{d}z^2} - \gamma^2 V(z) = 0 \tag{2.12b}$$

式中,γ 为复传播常数,表示为

$$\gamma = \alpha + \mathrm{j}\beta = \sqrt{(R + \mathrm{j}\omega L)(G + \mathrm{j}\omega C)} \tag{2.13}$$

其中,γ 的实部 α 和虚部 β 分别为衰减常数和传播常数,均是频率的函数,传输线上的波长为 $\lambda = 2\pi/\beta$。

$V(z)$ 和 $I(z)$ 的波动方程的行波解可以求得,表达式为

$$V(z) = V_0^+ \mathrm{e}^{-\gamma z} + V_0^- \mathrm{e}^{\gamma z} \tag{2.14a}$$

$$I(z) = I_0^+ \mathrm{e}^{-\gamma z} + I_0^- \mathrm{e}^{\gamma z} \tag{2.14b}$$

式中,$\mathrm{e}^{-\gamma z}$ 项代表波沿 $+z$ 方向传播,$\mathrm{e}^{\gamma z}$ 项代表波沿 $-z$ 方向传播。

把式(2.11a)代入式(2.14a)的电压行波解,可以得到传输线上的电路及行波电压 $V_0^+ \mathrm{e}^{-\gamma z}$ 和 $V_0^- \mathrm{e}^{\gamma z}$ 的关系为

$$I(z) = \frac{\gamma}{R + \mathrm{j}\omega L}(V_0^+ \mathrm{e}^{-\gamma z} - V_0^- \mathrm{e}^{\gamma z}) \tag{2.15}$$

和式(2.14b)比较,可以定义传输线的特性阻抗为

$$Z_0 = \sqrt{\frac{R + \mathrm{j}\omega L}{G + \mathrm{j}\omega C}} \tag{2.16}$$

上述为一般传输线的特性,如考虑无耗传输线时,$\alpha = 0$,$\beta = \omega\sqrt{LC}$,特性阻抗 $Z_0 = \sqrt{L/C}$。

2.3　传输性能参数

ISGW 应用于无线通信系统设计时,其传输性能的好坏直接影响着系统的质量和稳定性,因此研究传输性能参数是非常重要的。ISGW 的传输性能参数包括插入损耗、反射系数、回波损耗、色散和群时延等。

本节研究传输方面的特性,为了简化分析,忽略 ISGW 的介质损耗和导体损耗,将 ISGW 近似看作一段长度为 l 的无耗传输线,图2.2给出了一个特性阻抗为 Z_0(表示为传输线或波导的行波电压和电流之比)、传播常数为 β 的端接任意负载阻抗 Z_L 的传输线模型。假定 $z < 0$ 处的源产生的入射波为 $V_0^+ \mathrm{e}^{-\mathrm{j}\beta z}$,从负载阻抗 Z_L 反射回来的反射波为 $V_0^- \mathrm{e}^{\mathrm{j}\beta z}$,则传输线模型上的总电压和总电流可以表

示为

$$V(z) = V_0^+ \mathrm{e}^{-\mathrm{j}\beta z} + V_0^- \mathrm{e}^{\mathrm{j}\beta z} \tag{2.17a}$$

$$I(z) = \frac{V_0^+}{Z_0} \mathrm{e}^{-\mathrm{j}\beta z} - \frac{V_0^-}{Z_0} \mathrm{e}^{\mathrm{j}\beta z} \tag{2.17b}$$

在 $z=0$ 处,可以用负载阻抗来表示电压和电流的关系式,可以得到

$$Z_L = \frac{V(0)}{I(0)} = \frac{V_0^+ + V_0^-}{V_0^+ - V_0^-} Z_0 \tag{2.18}$$

由式(2.18)可以得到

$$V_0^- = \frac{Z_L - Z_0}{Z_L + Z_0} V_0^+ \tag{2.19}$$

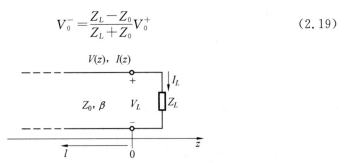

图 2.2　端接任意负载阻抗 Z_L 的传输线模型

(1)反射系数和回波损耗。

电磁波在传输线和波导中进行电磁能量传输时,往往会出现负载失配,这样就会有一定的电磁能量反射回来。这里反射系数用 Γ 表示,它定义为反射电压波的振幅与入射电压波的振幅之比,由式(2.19)可得

$$\Gamma = \frac{V_0^-}{V_0^+} = \frac{Z_L - Z_0}{Z_L + Z_0} \tag{2.20}$$

若负载和特性阻抗不匹配,即 $Z_L \neq Z_0$,表明传输线或者波导中出现了不匹配,不是所有来自源的功率都传给负载,而是出现了传输功率的损失,这种现象称为回波损耗(return loss,RL)。回波损耗的单位用 dB 表示,计算公式为

$$\mathrm{RL} = -20\lg|\Gamma| \ (\mathrm{dB}) \tag{2.21}$$

在微波器件的应用中,一般要求回波损耗小于 -10 dB。回波损耗的另外一个表达形式为电压驻波比(voltage standing wave radio,VSWR),仍然可以用反射系数表示,定义为

$$\mathrm{VSWR} = \frac{1+|\Gamma|}{1-|\Gamma|} \tag{2.22}$$

电压驻波比越大,说明传输线或者波导阻抗匹配程度越差;电压驻波比越小,说明传输线或者波导阻抗匹配越好。通常要求电压驻波比小于 2,即回波损

耗小于 -10 dB。

（2）插入损耗。

电磁波在传输线和波导中进行电磁能量传输时，往往会有能量的损耗。对于两端口或多端口微波器件，衡量传输线和波导的匹配程度的另外一个重要指标为插入损耗（insert loss，IL）。插入损耗的一种表达为传输系数（T），其值可以通过下式计算得出：

$$T = 1 + \Gamma = 1 + \frac{Z_L - Z_0}{Z_L + Z_0} = \frac{2Z_L}{Z_L + Z_0} \tag{2.23}$$

这里的 Γ、Z_L 和 Z_0，已经在前面做出介绍。这里传输系数是自然数，为了方便也可以转换为以 dB 为单位的形式。这样可以通过传输系数得出插入损耗，即

$$\text{IL} = -20 \lg |T| \quad \text{dB} \tag{2.24}$$

（3）传输线阻抗方程。

在图 2.2 中我们研究了一段长度为 l 的传输线，负载阻抗位于 $z=0$ 处，如果从 $z=-l$ 处向负载方向看过去，可以得到传输线的输入阻抗 Z_{in} 的表达式。

利用式（2.20），可以将传输线的总电压和总电流用反射系数 Γ 表示为

$$V(z) = V_0^+ (\text{e}^{-\text{j}\beta z} + \Gamma \text{e}^{\text{j}\beta z}) \tag{2.25a}$$

$$I(z) = \frac{V_0^+}{Z_0} (\text{e}^{-\text{j}\beta z} - \Gamma \text{e}^{\text{j}\beta z}) \tag{2.25b}$$

这样，传输线的输入阻抗 Z_{in} 可以表示为 Z_0、Z_L 的关系式，即

$$Z_{\text{in}} = \frac{V(-l)}{I(-l)} = \frac{1 + \Gamma \text{e}^{-\text{j}2\beta l}}{1 - \Gamma \text{e}^{-\text{j}2\beta l}} Z_0 = Z_0 \frac{Z_L + \text{j} Z_0 \tan \beta l}{Z_0 + \text{j} Z_L \tan \beta l} \tag{2.26}$$

上式给出了具有任意负载阻抗的一段传输线的输入阻抗，称为传输线阻抗方程。

考虑实际情况下 ISGW 是一个有耗的传输线模型，考虑复传播常数 $\gamma = \alpha + \text{j}\beta$，因此，有耗传输线的阻抗方程形式变为

$$Z_{\text{in}} = Z_0 \frac{Z_L + Z_0 \tan h \gamma l}{Z_0 + Z_L \tan h \gamma l} \tag{2.27}$$

（4）色散。

传输线的色散是指在传输线上不同频率的信号传播速度不相同，导致相位延迟随频率变化的现象。这是因为电磁波在传输线中传播时，会受到传输线材料和结构的影响，不同的频率成分会在不同的位置、时间到达接收端，从而产生相位差。

色散的出现可以理解为，具有初始相位关系的信号在传输线或者波导中进

行传输时,不同相速的电波中,传输"较快"的电波会领先"较慢"的电波。这样具有初始相位关系的信号在不同频率下会散开,色散的情况就出现了。若不同频率下的相速不会随着传输发生太大变化,色散不明显,则可以把电磁波传输的整体速度称为群速(group velocity)。

2.4   不同种类的波导传输线

本节介绍微带线、带状线、基片集成波导和间隙波导四种常见波导/传输线的工作原理,包括结构、电磁场传输模式及其特点。

(1)微带线。

微带线是微波传输线中的一种平面传输线,微波传输线有多种不同的形式。微带线由双平行传输线演变而来,其结构如图 2.3(a)所示,其电磁场分布如图 2.3(b)所示。微带线由一块上表面有一条金属导带、下表面为薄金属覆铜层(也称金属地)的介质基片所构成,图中 h 表示介质基片的厚度,W_s 表示金属导带的宽度,t 表示印刷金属覆铜层的厚度。ε_r 表示介质基片的相对介电常数。

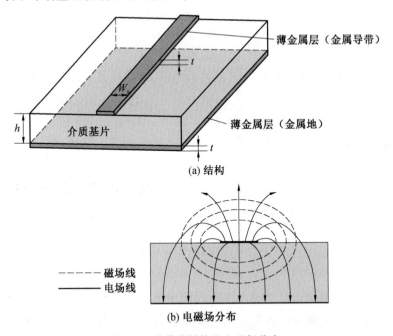

图 2.3   微带线结构及电磁场分布

通常,根据电路性能指标要求,微带线的介质基片选用损耗低、稳定性好的介质材料;金属覆铜层选择导电率高、与基片的黏附性强的金属材料。由于微带线是一种平面结构传输线,具有体积小、质量轻、使用频带宽、工艺简单、制造成本低和易于集成的特点,因此微带线在实际中应用比较广泛。

根据相关文献分析[4],在微带线上只有一条金属导带,其不同于带状线的形式,没有中心导体,故微带线传输的不是严格的纯 TEM 波,而是 Q-TEM 波。由于微带线上的金属导带暴露在空气中,因此金属导带处于均匀介质基片和非均匀介质环绕中,为了计算微带线的特性阻抗、等效传播波长等参数,需要引入微带线的等效介电常数(ε_e)来进行分析,等效介电常数将非均匀介质等效为一个均匀介质进行分析,等效介电常数可由下式计算:

$$\varepsilon_e = \begin{cases} \dfrac{\varepsilon_r+1}{2} + \dfrac{\varepsilon_r-1}{2}\left[\dfrac{1}{\sqrt{1+12\dfrac{h}{W_s}}} + 0.04(1-h/W_s)^2\right], & \dfrac{W_s}{h} < 1 \\ \dfrac{\varepsilon_r+1}{2} + \dfrac{\varepsilon_r-1}{2}\dfrac{1}{\sqrt{1+12\dfrac{h}{W_s}}}, & \dfrac{W_s}{h} \geqslant 1 \end{cases} \tag{2.28}$$

微带线等效传播波长为

$$\lambda_g = \frac{c}{f_0\sqrt{\varepsilon_e}} \tag{2.29}$$

微带线特性阻抗(Z_0)可以由下式计算:

$$Z_0 = \begin{cases} \dfrac{60}{\sqrt{\varepsilon_e}}\ln\left(\dfrac{8h}{W_s} + \dfrac{W_s}{4h}\right), & \dfrac{W_s}{h} < 1 \\ \dfrac{120\pi}{\sqrt{\varepsilon_e}\left(\dfrac{W_s}{h} + 1.393 + 0.667\ln\dfrac{W_s}{h} + 1.444\right)}, & \dfrac{W_s}{h} \geqslant 1 \end{cases} \tag{2.30}$$

上述理论分析可用于实际微波电路结构的尺寸计算设计中。微带线具有全通的特性,但由于微带线的结构不封闭,因此在高频处微带线的传输特性会有所下降。

(2)带状线。

带状线是一种常见的传输线,其结构如图 2.4 所示。带状线的传输线在介质板中间位置,同等厚度的介质板将传输线夹在中间,并且在介质板的上下表面均为接地板,这样传输线被包裹在镀有金属的介质板中间。

由于传输线在两个厚度和介电常数相同的介质板中间,所以该传输线支持传输 TEM 模式的电磁波,这也是它的基本工作模式。

带状线传输电磁波的模式为 TEM 模式,需要进一步给出其特性阻抗这一重要参数。带状线的特性阻抗为

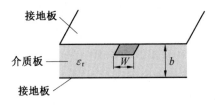

图 2.4　带状线结构

$$Z_0 = \frac{30\pi}{\sqrt{\varepsilon_r}} \frac{b}{W_e + 0.441b} \tag{2.31}$$

式中，W_e 为带状线的有效宽度，它可以由下式计算得出：

$$\frac{W_e}{b} = \frac{W}{b} - \begin{cases} 0, & \dfrac{W}{b} > 0.35 \\ (0.35 - W/b)^2, & \dfrac{W}{b} \leqslant 0.35 \end{cases} \tag{2.32}$$

（3）基片集成波导。

基片集成波导（SIW）结构是一种采用印刷工艺实现的微波导波结构，即一种等效为使用介质填充的类矩形波导结构[5]。如图 2.5(a)所示，基片集成波导通常由介质基片、介质基片的上下表面金属覆铜层，以及介质基片左右两排的金属化过孔构成。基片集成波导具有与传统矩形波导（图 2.5(b)）相似的传播特性，具有高功率容量、高 Q 值、易加工集成、质量轻、成本低等优点，广泛应用于各种射频无源器件的设计中，包括天线、滤波器、耦合器、功分器、环形器等。除了应用在微波无源器件的设计中，基片集成波导在微波有源器件中也有广泛的应用。

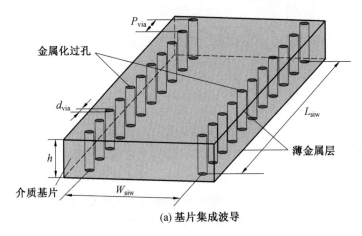

（a）基片集成波导

图 2.5　基片集成波导和传统矩形波导

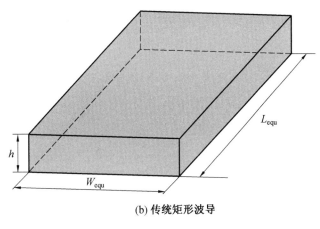

(b) 传统矩形波导

续图 2.5

　　在基片集成波导结构中,考虑到实际加工的可实现性和满足辐射泄漏损耗的可忽视性,介质基片左右两排的金属化过孔之间需要满足

$$\begin{cases} d_{via} < P_{via} < 2d_{via} \\ P_{via} < 0.2\lambda_c \end{cases} \tag{2.33}$$

式中,d_{via} 表示基片集成波导结构中左右两排金属化过孔的直径;P_{via} 表示基片集成波导结构中同列相邻两金属化过孔之间的周期数值;λ_c 表示基片集成波导主模的截止频率对应的截止波长长度。

　　当金属化过孔之间满足上述条件时,基片中的电磁波几乎不从两边泄漏出去,由此辐射损耗带来的影响可以忽略。电磁波在介质基片左右两排金属化过孔和上下金属面所构成的基片中传输,此种相当于介质填充的结构类似于矩形波导,因此对基片集成间隙波导的分析计算采用矩形波导的相关分析方法进行类比等效计算。在 SIW 中不能传播 TM 模式的电磁波,只能传播 TE_{n0}($n>0$)模式的电磁波,且传播的主模式为 TE_{10} 模,通过电磁仿真软件仿真可看出 TE 模式的电场分布图如图 2.6 所示。

　　计算 SIW 结构的等效宽度常用公式为

$$W_{equ} = W_{siw} - 1.08 \times \frac{d_{via}^2}{P_{via}} + 0.1 \times \frac{d_{via}^2}{W_{siw}} \tag{2.34}$$

式中,W_{equ} 表示基片集成波导结构宽度等效为矩形波导计算的等效宽度;W_{siw} 表示基片集成波导结构的实际宽度。

　　相关文献[6]根据传输参数[**ABCD**]矩阵关系进一步推导出更精确的等效计算公式为

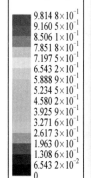

图 2.6　SIW 波导 TE 模式的电场分布图

$$W_{\text{equ}} \cong \frac{W_{\text{siw}}}{\sqrt{1+\left(\dfrac{2W_{\text{siw}}-d_{\text{via}}}{P_{\text{via}}}\right)\left(\dfrac{d_{\text{via}}}{W_{\text{siw}}-d_{\text{via}}}\right)^2 - \dfrac{4W_{\text{siw}}}{5P_{\text{via}}^4}\left(\dfrac{d_{\text{via}}^2}{W_{\text{siw}}-d_{\text{via}}}\right)^3}} \tag{2.35}$$

按照等效关系计算公式就可以进一步对 SIW 的相关特性进行研究,如传播常数、截止频率、阻抗等参数。

SIW 结构中的 TE_{mn} 模式的截止频率为

$$f_{c-mn} = \frac{1}{2\pi\sqrt{\mu_0\mu_r\varepsilon_0\varepsilon_r}}\sqrt{\left(\frac{m\pi}{W_{\text{equ}}}\right)^2 + \left(\frac{n\pi}{h}\right)^2} \tag{2.36}$$

式中,μ_0 表示真空中的磁导率,值为 $4\pi\times 10^{-7}$ H/m;ε_0 表示真空中的介电常数,值为 8.854×10^{-12} F/m;μ_r 表示介质的磁导率(相对磁导率);ε_r 表示介质的相对介电常数。

由于 SIW 结构中传播的主模为 TE_{10} 模式,因此截止频率的计算公式为

$$f_{c-\text{TE}_{10}} = \frac{c}{2W_{\text{equ}}\sqrt{\mu_r\varepsilon_r}} \tag{2.37}$$

式中,c 表示电磁波在真空中的速度,即光速,值为 3×10^8 m/s。对应的截止波长计算公式为

$$\lambda_{c-\text{TE}_{10}} = 2W_{\text{equ}}\sqrt{\mu_r\varepsilon_r} \tag{2.38}$$

由于在矩形波导结构中,常用等效电压和等效电流的方式定义波导阻抗值,即

$$Z = \frac{V}{I} = \frac{\pi}{2}\frac{h}{W_{\text{equ}}}\sqrt{\frac{\mu_0\mu_r}{\varepsilon_0\varepsilon_r}}\frac{1}{\sqrt{1-\left(\dfrac{\lambda}{2W_{\text{equ}}}\right)^2}} \tag{2.39}$$

因此 SIW 的阻抗计算公式可类推为

$$Z_{\text{SIW}} = \frac{\pi}{2} \times \frac{h}{W_{\text{equ}}} \times \frac{\eta}{\sqrt{\varepsilon_r - \frac{1}{\sqrt{\varepsilon_r}}\left(\frac{\lambda_0}{2W_{\text{equ}}}\right)^2}} \tag{2.40}$$

式中,$\eta = \sqrt{\mu_0/\varepsilon_0}$ 表示空气中波阻抗;对于常用的非磁介质波导 $\lambda = \lambda_0/\sqrt{\varepsilon_r}$,$\lambda_0$ 表示空气中光速对应的波长。

　　在实际运用中,SIW 通常需要外接接头,以及和其他器件连接,因此需要考虑 SIW 的外部匹配的问题。图 2.7 表示微带线主模式 TEM 模式电场分布图和 SIW 主模式 TE_{10} 模式电场分布图对比,当两种结构相连时,需要设计过渡转换器进行过渡匹配,以减小两种模式转换时的损耗。

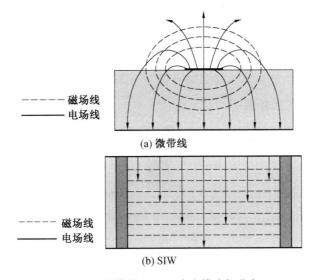

图 2.7　微带线和 SIW 中主模式场分布

　　在实际电路中,SIW 过渡结构是较常见的凸型转换器中的渐变过渡结构(图 2.8),由两部分组成:第一部分是由 50 Ω 阻抗计算得到的宽度,第二部分是一个梯形结构。梯形结构的一边连接 50 Ω 的微带线,此部分宽度为 W_s;另一边连接 SIW 结构,此部分宽度为 W_t;梯形结构的长度为 L_t,通常调节 W_t 和 L_t 的值可以达到一个理想的匹配情况。

　　(4)间隙波导。

　　间隙波导的基本结构由两块平行的全金属导体、金属脊和周期性金属柱组成,如图 2.9 所示,上方的金属板是一层理想电导体(PEC),下面的金属板上连有金属脊,其两侧的周期性的金属柱作为理想磁导体(PMC),PEC 和 PMC 之间

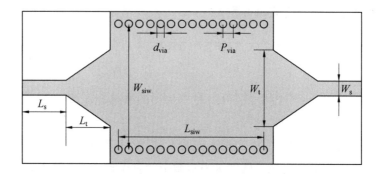

图 2.8　SIW 采用梯形渐变过渡器结构示意图

存在一层空气间隙来传播电磁波。当给间隙波导一个激励馈电时,电磁波会在金属脊上传输,形成 Q-TEM 波。因为 PEC 和 PMC 之间的间隙层会形成电磁带隙(EBG),EBG 的原理在第 1 章也有所介绍,两层金属之间会形成一个 LC 谐振电路,也就是说电磁波需要在一定的范围内才能进行传播,即在 EBG 的阻带范围内,PEC 和 PMC 之间是不能传播电磁波的,因此电磁波只能沿着金属脊传播,在其他区域会被禁止传播。

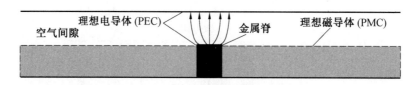

图 2.9　间隙波导横截面示意图

2009 年 Kildal 等人给出了一种计算间隙波导输入阻抗的方法[7],提出 GW 的输入阻抗可运用普通微带线的阻抗值计算公式近似估计,估算公式为

$$Z_k = \frac{Z_0 h}{w} \tag{2.41}$$

式中,Z_0 为输入阻抗;Z_k 为自由空间中电磁波阻抗;h 为两个导体间的空气间隙距离;w 是金属脊宽度。

当 w 远大于 h 时,Z_0 和 Z_k 可以趋于相同。随后 Polemi 等人对 GW 的阻抗和色散特性进行了研究,得到了封闭解[8,9]。

由上述内容可以看出间隙波导有很多优点:一方面间隙波导可传输 Q-TEM 波,并且因为介质是空气层,所以插入损耗极小,相比于 SIW 这是很大的优势,相比于矩形波导间隙波导更易于加工;另一方面间隙波导因为上下都是金属板,有着良好的屏蔽上下外界干扰的作用,中间形成的电磁带隙也阻挡了侧面的干扰,所以有着良好的屏蔽性和稳定性。但是间隙波导同样有着缺陷,由于其是全金属材料,因此整体质量较大;同时由于金属脊的尺寸偏大,因此间隙波导整体体积偏大,不易集成,实用性大大降低。

2.5　本章小结

现将常见的传输线和波导的特性进行总结对比,见表 2.1。将微带线、传统金属矩形波导、基片集成波导、间隙波导与 ISGW 从集成度、质量、体积、成本、传播模式、Q 值、功率容量、损耗等方面进行比较。

表 2.1　常见的传输结构特性对比表

特性	微带线	传统金属矩形波导	基片集成波导	间隙波导	集成基片间隙波导
集成度	易集成	不易集成	易集成	不易集成	易集成
体积	体积小	体积大	体积小	体积大	体积小
质量	质量轻	质量重	质量轻	质量重	质量轻
成本	成本低	成本稍高	成本低	成本稍高	成本低
传播模式	Q-TEM 模式	TE 模式	TE 模式	Q-TEM 模式	Q-TEM 模式
Q 值	Q 值小	Q 值大	Q 值小	Q 值大	Q 值小
功率容量	低功率容量	高功率容量	高功率容量	高功率容量	高功率容量
损耗	损耗高	损耗低	损耗低	损耗低	损耗低

微带线结构在毫米波波段及以上频率存在辐射损耗、表面波、插入损耗,以及易受到外部电路干扰等问题。传统矩形波导在毫米波段具有很好的传输性能,但全金属的矩形波导具有质量大、难与其他印刷电路板电路集成等缺点,限制了矩形波导在通信系统中的应用,金属间隙波导也存在相同的挑战。

基片集成波导电路可以有效降低制造成本、质量和尺寸,毫米波频段能够实现很好的性能,但是传输 TE 模式波的基片集成波导与其他传输 TEM 模式波或 Q-TEM 模式波的电路集成时,就容易产生模式转换损耗。

根据表 2.1 中总结对比的常见的传输线波导的特点,ISGW 可以看作是运用 EBG 结构封装传统微带线结构构成波导,因此兼具微带线和间隙波导结构的优点,是一种传输准 TEM 模,具有体积小、质量轻、易集成、损耗低、高功率容量等特点的传输波导。

本章参考文献

[1] POZAR D M. Microwave engineering[M]. 4th ed. New York: John Wiley & Sons, 2011.

[2] JANSEN R H. The spectral-domain approach for microwave integrated circuits[J]. IEEE Transactions on Microwave Theory and Techniques, 1985, 33(10): 1043-1056.

[3] HEAVISIDE O. Electromagnetic theory[M]. Cambridge: Cambridge University Press, 2011.

[4] 清华大学《微带电路》编写组. 微带电路[M]. 北京: 清华大学出版社, 2017.

[5] XU F, WU K. Guided-wave and leakage characteristics of substrate integrated waveguide[J]. IEEE Transactions on Microwave Theory and Techniques, 2005, 53(1): 66-73.

[6] SALEHI M, MEHRSHAHI E. A closed-form formula for dispersion characteristics of fundamental SIW mode[J]. IEEE Microwave and Wireless Components Letters, 2011, 21(1): 4-6.

[7] KILDAL P S, ALFONSO E, VALERO-NOGUEIRA A, et al. Local metamaterial-based waveguides in gaps between parallel metal plates[J]. IEEE Antennas and Wireless Propagation Letters, 2009, 8: 84-87.

[8] POLEMI A, MACI S. Closed form expressions for the modal dispersion equations and for the characteristic impedance of a metamaterial-based gap waveguide[J]. IET Microwaves Antennas & Propagation, 2010, 4(8): 1073-1080.

[9] POLEMI A, MACI S, KILDAL P S. Dispersion characteristics of a metamaterial-based parallel-plate ridge gap waveguide realized by bed of nails [J]. IEEE Transactions on Antennas & Propagation, 2011, 59(3): 904-913.

第 3 章　集成基片间隙波导的传播特性

集成基片间隙波导(ISGW)采用 PCB 技术,为集成电路设计提供了新的解决方案。ISGW 首次提出时采用两层介质板结构,微带脊由金属孔连接下层介质板的地平面[1],后提出的三层 ISGW 结构将微带线蚀刻在中间层介质板上,使得波导走向的设计更灵活,也易于设计天线等器件[2]。ISGW 结构兼具了基片集成波导与间隙波导两者的优点,既具有小型化特性,易集成,又能实现低损耗,解决平面波和空间辐射的问题。

目前,ISGW 的发展处于初期阶段,工作原理虽然明确,但传播特性研究尚未开展。文献[2]基于带状线的阻抗计算方法,得到了一种近似的 ISGW 阻抗计算公式,已知 ISGW 的微带脊宽度、介质板介电常数和厚度,可以较准确地快速估计 ISGW 的特性阻抗。文献[3]基于微带线的阻抗理论,通过实验修正、拟合,得到了 ISGW 的特性阻抗表达式,并将其应用到耦合器的设计中。以上两种方法都可以在较小的误差范围内估计 ISGW 的特性阻抗,但是不同的工作频率下 ISGW 的结构参数随之变化,特性阻抗的计算缺少可以严格遵循的理论依据。文献[4]采用变分法分析 ISGW 导体上的分布线电容,从而推导出 ISGW 特性阻抗的解析表达式,与以往的方法相比误差更小。

作为非均匀介质传输线,ISGW 的工作波长是应用到滤波器、天线等设计的关键参数,需要通过有效相对介电常数进行计算。然而,目前还没有一种求解 ISGW 有效相对介电常数的方法可以遵循,往往要依靠介质板介电常数估计法、微带线经验公式估计法和全波仿真的参数优化方法[5-8]。

3.1　EBG 的电路特性

本书研究的 EBG 又称为蘑菇型 EBG,其禁带范围决定了 ISGW 的工作频段。EBG 禁带的研究方法包括理论法和数值法,前者采用集总电路分析推导出解析表达式[9],后者使用全波仿真得到其色散特性[10]。本节采用集总电路对两层介质板结构和三层介质板结构的 EBG 单元(简称为两层 EBG 单元和三层 EBG 单元)进行建模,推导出 EBG 单元的谐振频率和谐振带宽。

图 3.1 给出了两层 EBG 单元结构及其 LC 模型和 LC 等效电路。两层 EBG 单元结构如图 3.1(a)所示,其由两层介质板、上下表面理想电导体、圆形金属贴片和金属圆柱过孔组成。两层 EBG 的物理参数包括:上层介质板厚度 h_s、上层介质板相对介电常数 ε_{rs}、上层介质板相对磁导率 μ_{rs}、下层介质板厚度 h_x、下层介质板相对介电常数 ε_{rx}、EBG 单元的周期 p、圆形金属贴片直径 d_p 和金属圆柱过孔直径 d_v。

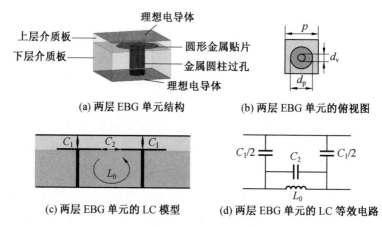

图 3.1　两层 EBG 单元结构及其 LC 模型和 LC 等效电路

两层 EBG 单元的 LC 模型如图 3.1(c)所示,圆形金属贴片和 PEC 的间距形成了电势差,等效为电容 C_1,相邻两个圆形金属贴片的耦合电容等效为电容 C_2,相邻的圆形金属贴片和金属圆柱过孔组成的电路回路等效为电感 L_0。两层 EBG 单元的 LC 等效电路如图 3.1(d)所示,其中图 3.1(c)中的电容 C_1 是一个 EBG 单元的电容效应,而图 3.1(d)中用相邻 EBG 单元的两个 $C_1/2$ 并联来等效表示一个 EBG 单元的电容效应。

根据分布参数计算理论,两层 EBG 单元的电路参数可以表示为

$$C_2 = \frac{d_p \cdot \varepsilon_0 \cdot (\varepsilon_{rs} + \varepsilon_{rx})}{\pi} \cdot \cosh\left(\frac{p}{p - d_p}\right) \tag{3.1a}$$

$$C_1 = \varepsilon_0 \cdot \varepsilon_{rs} \frac{\pi \cdot d_v^2}{h_s} \tag{3.1b}$$

$$L_0 = \mu_{rs} \cdot \mu_0 \cdot h_x \tag{3.1c}$$

式中,ε_0 是真空的介电常数,$\varepsilon_0 = 8.85 \times 10^{-12}\,\mathrm{F/m}$;$\mu_0$ 是真空的磁导率,$\mu_0 = 4\pi \times 10^{-7}\,\mathrm{H/m}$。

由等效电路图 3.1(d)及 LC 谐振电路理论可得,EBG 电路的谐振频率 f_0 和禁带相对带宽 FBW 为

$$f_0 = \frac{1}{2\pi\sqrt{L_0\dfrac{C_1 C_2}{C_1 + C_2}}} \tag{3.2a}$$

$$\text{FBW} = \frac{1}{\eta}\sqrt{L_0\frac{C_1 C_2}{C_1 + C_2}} \tag{3.2b}$$

式中，η 是自由空间波阻抗，$\eta = 120\pi\ \Omega$。

采用相同的集总电路方法，图 3.2 给出了三层 EBG 单元结构及其 LC 模型和 LC 等效电路。三层 EBG 单元结构比两层 EBG 单元结构多了中层介质板，因此，圆形金属贴片和上层介质板的导体之间的电容 C_1 变为 C_1'，其余参数不变。

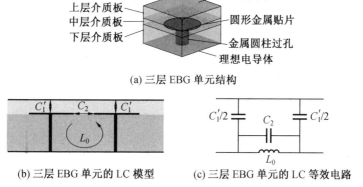

(a) 三层 EBG 单元结构

(b) 三层 EBG 单元的 LC 模型　　　　(c) 三层 EBG 单元的 LC 等效电路

图 3.2　三层 EBG 单元结构及其 LC 模型和 LC 等效电路

C_1' 是包含两种介质材料的导体之间的电容，可以表示为

$$C_1' = \frac{\pi \cdot v d^2}{\dfrac{h_s}{\varepsilon_0 \cdot \varepsilon_{rs}} + \dfrac{h_z}{\varepsilon_0 \cdot \varepsilon_{rz}}} \tag{3.3}$$

式中，h_z 表示中层介质板厚度；ε_{rz} 表示中层介质板相对介电常数。

三层 EBG 单元的谐振频率和禁带相对带宽可以采用式(3.2)计算，但将其中的 C_1 变为 C_1'。

3.2　ISGW 的电路结构和传播特性

两层结构的 ISGW 的三维图如图 3.3(a)所示。ISGW 的上层介质板非常薄，上表面为金属覆铜；下层介质板上表面的导带通过下方过孔连接下表面金属覆铜，称为微带脊；微带脊的两侧各有三排 EBG 作为人工磁导体，EBG 阻止了电磁波向下传播，使能量集中在微带脊及其上方介质板中，沿着 z 轴方向传播。鉴于两层结构 ISGW 双导体的传播方式,因此其传播模式为 Q-TEM 模式。

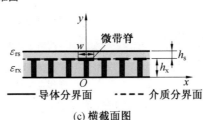

(a) 三维图   (b) 俯视图

(c) 横截面图

图 3.3　ISGW 的两层结构

图 3.3(b)是 ISGW 的俯视图,ISGW 的宽度由 6 个 EBG 周期 p 和微带脊宽度 w 所决定,长度 L 可以任意。图 3.3(c)是 ISGW 的横截面图,与传播方向(z 轴)垂直,上层介质板上表面和下层介质板下表面的金属覆铜表示为导体分界面,两层介质板之间表示为介质分界面,两层介质板的相对介电常数为 ε_{rs}、ε_{rx},厚度为 h_s、h_x。

ISGW 的工作原理为:当上层介质板的厚度小于 1/4 工作波长时,导带两侧的周期性 EBG 可以作为人工磁导体(artificial magnetic conductor,AMC),将能量束缚在微带脊上,使电磁波只能沿着微带脊传播,防止能量向两边泄漏。EBG 对能量传输起到了一个低频阻隔的作用,因此将上层介质板厚度作为自变量,将 ISGW 电磁能量泄漏作为因变量,它们的关系示意图如图 3.4 所示。

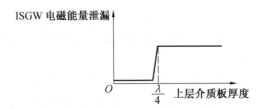

图 3.4　上层介质板厚度与 ISGW 电磁能量泄漏的关系示意图

为了研究两层 ISGW 的传播特性,本书建立了一个模型。上下层介质板都采用罗杰斯公司介质基板 Rogers RT5880，$\varepsilon_{rs} = \varepsilon_{rx} = 2.2$，$\tan\delta = 0.000\ 9$。两层 ISGW 模型的参数见表 3.1。

表 3.1　两层 ISGW 模型的参数

参数	含义	取值/mm	参数	含义	取值/mm
L	ISGW 长度	20	p	EBG 单元周期	2.2
W_i	ISGW 宽度	15.4	d_p	圆形金属贴片直径	1.5
h_s	上层介质板厚度	0.508	d_v	金属圆柱过孔直径	0.54
h_x	下层介质板厚度	0.813	w	微带脊宽度	1.5

首先研究 ISGW 模型的色散特性。ISGW 的色散特性由 EBG 的色散特性决定。先根据 3.1 节的 EBG 等效电路模型计算 EBG 禁带的工作频率。将表3.1的两层 ISGW 的 EBG 的物理参数和介质板电磁特性代入式(3.1)和式(3.2)，计算得到 $f_0 = 31.56$ GHz、FBW = 67.5%。

接着采用数值法，利用 CST 建模得到 EBG 的色散图，如图 3.5(a)所示。仿真时 EBG 在俯视面的二维方向上为周期性排布，即 EBG 单元的四个侧面设置为周期性的边界条件，上下表面设置为理想电导体的边界条件。仿真结果给出了 EBG 中传输的两个模式的传播常数，在频率范围 21.3～42.8 GHz（即 EBG 的禁带范围）内无模式传输。经过计算，数值法得到的 $f_0 = 32.05$ GHz、FBW = 67% 与理论计算值非常接近。

但是，实际上 ISGW 结构中 EBG 在 x 轴方向上有 6 个，而在传播方向 z 轴方向上才是周期性的。为精确得到 ISGW 的色散图，图 3.5(b)给出了 ISGW 单元的色散图，只在传播方向上是周期性排布的。

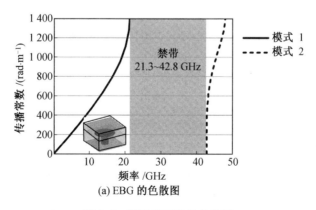

(a) EBG 的色散图

图 3.5　两层 ISGW 的色散图

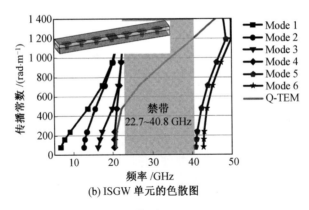

(b) ISGW 单元的色散图

续图 3.5

从图 3.5(b)可以看出,ISGW 单元的禁带范围为 22.7~40.8 GHz,与 EBG 的禁带范围比起来变窄了;图中唯一不带标记的曲线为 ISGW 传播的 Q-TEM 模式的传播常数,表征了 ISGW 的传播范围和传播常数特性,可以看出 Q-TEM 模式起始于约 21 GHz,终止于约 45 GHz,但只在禁带范围 22.7~40.8 GHz 内是单模传输的。

利用 ANSYS 软件仿真 ISGW 的传输特性 S 参数,如图 3.6 所示。可以看出工作频段(定义 ISGW 的工作范围为 $S_{11} < -10$ dB 且 $S_{12} > -3$ dB)的范围是 21.6~44.8 GHz,与图 3.5(b)中 Q-TEM 的工作频段一致,几乎与 EBG 的禁带重合。工作频段 30~45 GHz 内,ISGW 的插入损耗低于 0.5 dB。

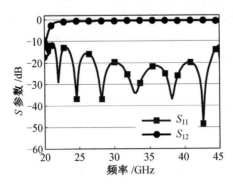

图 3.6　两层 ISGW 的传输特性 S 参数

作为对比,本书还仿真了相同频段下的传统微带线模型,损耗比 ISGW 高大约 0.11 dB/cm,这是微带线在传输空气中的辐射损耗造成的,证明了 ISGW 由于自封装而实现了优良的传输性能,降低了辐射损耗。

ISGW 的三层结构更类似于微带线的封装,但不同于其他金属盒子的封装,

ISGW 使用 PCB 技术实现,不但克服了微带线的缺陷、降低了插入和辐射损耗,而且剖面低、易实现电路集成。ISGW 的三层维结构图如图 3.7(a)所示,由三层介质板组成,上层介质板的上表面为金属覆铜,下表面为微带脊;中层介质板为光板,非常薄,没有其余结构设计;下层介质板包含了 7 排 EBG 结构,下表面接地。

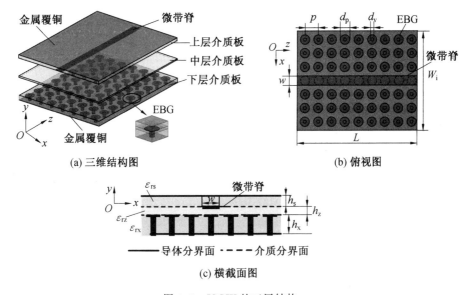

(a) 三维结构图　　　　　　　　　　(b) 俯视图

(c) 横截面图

图 3.7　ISGW 的三层结构

从图 3.7(b)俯视图可以看到,微带脊位于中间 EBG 的上方,与两层 ISGW 中的 EBG 位置相同。图 3.7(c)是 ISGW 的横截面图,三层介质基板的介电常数可以相同,也可以不同,相对介电常数分别为 ε_{rs}、ε_{rz} 和 ε_{rx},厚度为 h_s、h_z、h_x,微带脊的宽度为 w。

三层 ISGW 与两层 ISGW 工作原理基本相同,电磁波沿着 ISGW 的微带脊传输,EBG 防止能量向两边泄漏。ISGW 的中间层非常薄,使微带脊与 EBG 分离,便于电路布线设计。

为研究三层 ISGW 的特性,本书建立了一个模型,三层介质板都采用罗杰斯公司介质基板 Rogers RT5880 介质板。三层 ISGW 模型的参数见表 3.2。

表 3.2　三层 ISGW 模型的参数

参数	含义	取值/mm	参数	含义	取值/mm
L	ISGW 长度	20	p	EBG 周期	2.2
W_i	ISGW 宽度	15.4	d_p	圆形金属贴片直径	1.5
h_s	上层介质板厚度	0.508	d_v	金属圆柱过孔直径	0.54
h_z	中层介质板厚度	0.254	w	微带脊宽度	1.5
h_x	下层介质板厚度	0.813			

首先研究三层 ISGW 的色散特性。同样根据 3.1 节的 EBG 等效电路建模理论,计算 EBG 禁带的工作频率。根据表 3.2 三层 EBG 的物理参数和介质板电磁特性,计算得到 $f_0 = 33$ GHz、FBW=56.9%。

接着采用全波仿真给出 EBG 的色散图,如图 3.8(a)所示。可以看出,禁带范围为 23.3～42.4 GHz,与三层 EBG 的理论结果比较吻合,但相比两层 EBG 结构的禁带范围(21.3～42.8 GHz)变窄了。

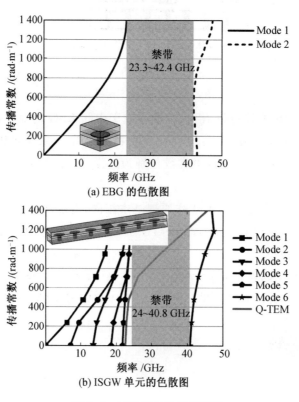

(a) EBG 的色散图

(b) ISGW 单元的色散图

图 3.8　三层 ISGW 的色散图

图 3.8(b)给出了 ISGW 单元的色散图,禁带范围为 24～40.8 GHz,比三层 EBG 禁带窄了一些;图中 Q-TEM 模式起始于约 23 GHz,终止于约 45 GHz,但只有在 ISGW 的禁带范围内是单模传输的。

仿真 ISGW 三层结构的传输特性S_{11}和S_{12},如图 3.9 所示,可以看出工作频段为 25～45 GHz,几乎与 EBG 的禁带重叠,且工作频段内S_{12}的平均值为-0.6 dB。从图左下角 ISGW 在 32 GHz 处的电场分布可以看出,电场中心位于 ISGW 的微带脊上,没有向两侧泄漏,实现了平面电路的封装。

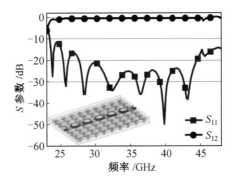

图 3.9　三层 ISGW 的 S 参数及电场

本节以三层 ISGW 为例,对 ISGW 的微带转接进行了设计和仿真,ISGW 的传输模式与微带线相同,为 Q-TEM 模式。ISGW 的上层(包括微带脊)向外延伸得到 ISGW 波导的微带线转接部分,如图 3.10(a)所示,微带线和微带脊的阻抗设计均为 50 Ω。ISGW 和微带转接部分的全波仿真结果如图 3.10(b)所示,可以看到工作频段与不加微带转接部分的结果相同,为 25～45 GHz。相比无微带线的三层 ISGW 结构,S_{12}下降了-0.05 dB,而电磁波仍集中于 ISGW 的微带脊和连接的微带线上,没有从微带线转接部分泄漏和辐射。

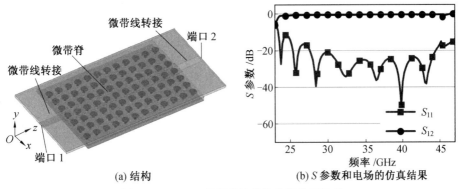

(a) 结构　　　　　　　(b) S 参数和电场的仿真结果

图 3.10　ISGW 的微带转接结构及仿真结果

3.3　ISGW 的特性阻抗

基于间隙波导借用半微带模型方法来计算[10]这一思想,本书在间隙波导的特性阻抗计算方法的基础上对其进行修正[2],基于带状线的阻抗计算方法,得到了一种近似的 ISGW 阻抗计算公式,已知 ISGW 的微带脊宽度、介质板介电常数和厚度,可以较准确地快速估计 ISGW 的特性阻抗。

间隙波导的特性阻抗 Z_{gw} 为

$$Z_{gw} = 2Z_{stripline} \tag{3.4}$$

$Z_{stripline}$ 为带状线的特性阻抗,带状线的宽度 W 和介质板厚度 h 的关系为

$$\frac{W}{h} = \begin{cases} x, & \sqrt{\varepsilon_r}\,Z_{stripline} < 120 \\ 0.85 - \sqrt{0.6 - x}, & \sqrt{\varepsilon_r}\,Z_{stripline} \geqslant 120 \end{cases} \tag{3.5}$$

$$x = \frac{30\pi}{\sqrt{\varepsilon_r}\,Z_{stripline}} \tag{3.6}$$

由于 ISGW 微带型结构与微带型 GW 波导类似,ISGW 特性阻抗的计算公式是在 GW 特性阻抗的基础上引入了一个修正因子 Δ($15\ \Omega \leqslant \Delta \leqslant 20\ \Omega$),表达式为

$$Z_{isgw} = 2Z_{stripline} - \Delta \tag{3.7}$$

ISGW 的导带宽度为

$$W = hx \tag{3.8}$$

同理,ISGW 介质损耗 α_d 和传导损耗 α_c 为

$$\alpha_d = k\tan\frac{\delta}{2} \tag{3.9}$$

$$\alpha_c = \begin{cases} \dfrac{2.7 \times 10^{-3} R_s \varepsilon_r Z_{strip}}{30\pi(h-t)} A, & \sqrt{\varepsilon_r}\,Z_{strip} < 120 \\ \dfrac{0.16 R_s}{Z_0 h} B, & \sqrt{\varepsilon_r}\,Z_{strip} \geqslant 120 \end{cases} \tag{3.10}$$

式中

$$A = 1 + \frac{2W}{h-t} + \frac{1}{\pi}\frac{h+t}{h-t}\ln\frac{2h-t}{t} \tag{3.11}$$

$$B = 1 + \frac{h}{0.5W + 0.7t}\left(0.5 + \frac{0.414t}{W} + \frac{1}{2\pi}\ln\frac{4\pi W}{t}\right) \tag{3.12}$$

ISGW 总的损耗可以表示为

$$\alpha = \alpha_d + \alpha_c \tag{3.13}$$

3.4　ISGW 的有效相对介电常数

本节从 ISGW 工作波长的计算出发给出有效相对介电常数的影响因素和定义。

ISGW 由两层或三层介质板组成,介质板的相对介电常数可以相同,也可以不同,因此采用有效相对介电常数计算 ISGW 的工作波长 λ,表示为

$$\lambda = \frac{c}{f_0 \sqrt{\varepsilon_e}} \tag{3.14}$$

式中,c 是光速,$c = 3 \times 10^8 \, \mathrm{m/s}$;$f_0$ 是工作频率;ε_e 是 ISGW 的有效相对介电常数。

采用有效相对介电常数计算 ISGW 的波长,考虑因素有两点:第一,ISGW 采用两层或者三层介质板,介质板的介电常数可以不同,因此不能再用相对介电常数来计算波长;第二,下层介质板不是普通的微波材料介质基板,而是包含了 EBG 结构,这将影响波导传播特性,从而波长计算要考虑 EBG 的影响。EBG 作为人工磁导体,抑制了 ISGW 的微带脊传输的电磁波向下方和两侧泄漏,可以看作是下层介质层的一部分。因此,下层介质板的 EBG 结构的频率特性,是 ISGW 有效相对介电常数理论研究需要考虑的另一问题。

为了定义 ISGW 的有效相对介电常数,图 3.11 给出了 ISGW 的等效结构——均匀介质传输线的横截面,将 ISGW 的三层介质板(包括 EBG)等效为三层均匀介质。

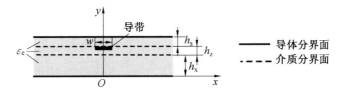

图 3.11　三层 ISGW 的均匀介质传输线等效结构的横截面

等效结构横截面的高度与 ISGW 横截面相同,导带宽度、厚度和位置与 ISGW 的微带脊相同。在 ISGW 和均匀传输线等效结构的分布电容相同的情况下,均匀介质传输线等效结构的相对介电常数即为 ISGW 结构的有效相对介电常数。

(1)介电常数的研究现状。

当电路工作在非均匀介质中时,波长无法直接由介质板的相对介电常数获得,需要通过其他方法计算。微带线工作在非均匀介质中,单层介质板结构中导

带的一侧是介质板,另一侧是空气,其工作波长可通过有效相对介电常数来计算。有学者已经采用保角变换方法,分析了微带线的有效相对介电常数[11,12]。

传输线的介电常数特性还可以通过加工模型测量得到。基于反射系数和散射系数的同轴探头夹具系统,可以测量平面传输线介电常数,结果精确且适用性强[13]。

对于非均匀介质,需要通过测量得到有效相对介电常数。学者刘宏梅总结了求解电路板介电常数的时域测量法,并提出以开路微带线夹具进行求解介电常数的改进方法[14],这类方法以微带线的有效介电常数作为参考,还是会造成误差。通过全波仿真软件 ANSYS 对传输线的仿真,可以从仿真结果中得到介电常数参数——ε。通过对微带线、带状线的仿真,得到的 ε 的结果和理论值很接近。但采用 ANSYS 对 ISGW 进行建模仿真,将得到的介电常数 ε 的仿真结果用于计算 ISGW 的工作波长时出现了很大误差,这是 ISGW 结构的特殊性造成的。

作为非均匀介质传输线,ISGW 中传输的电磁波波长是其应用于滤波器、天线等设计的关键参数,需要通过有效相对介电常数进行计算。然而,目前还没有计算 ISGW 有效相对介电常数的理论可以遵循。在 ISGW 的微波器件的相关文献中,电磁波波长的计算方法主要有介质板介电常数估计法、微带线经验公式估计法和全波仿真的参数优化法三种[15]。

第一种方法中,已知介质板的相对介电常数 ε_r,由设计电路的中心频率 f,利用公式 $\lambda = c/(f\sqrt{\varepsilon_r})$ 估计工作波长 λ。这种方法是一种近似估计,如果微带脊的上下介质板的介电常数相同,这种方法的估计误差较小,反之将产生较大的误差,不再适用。

第二种方法中,利用 ISGW 的微带脊、所在介质板和覆铜作为微带线模型得到的有效相对介电常数来估计 ISGW 的有效相对介电常数,再通过全波仿真优化。传统微带线的导体上面为空气,下面为介质板,空气的相对介电常数是 1;而微带脊的上下介质都为介质板。理论上这种方法的误差应该大于第一种,但实际上微带线经验公式估计的波长误差比介质板介电常数估计法小,原因尚没有文献分析。

第三种全波仿真的参数优化方法,利用 ANSYS 或 CST 仿真软件进行特定 ISGW 模型试验,根据电路的仿真谐振特性结果反推出谐振器的长度,再对应计算工作波长,然后进行这种特定 ISGW 模型下的其他谐振器的设计。如带通滤波器中的四分之一波长谐振器,可以通过将谐振器长度扩大四倍得到工作波长。这种方法缺乏理论根据,但适用性强,同时也可作为前两种方法的校准方法。

（2）半波长法。

ISGW 的有效相对介电常数研究十分重要，下面研究 ISGW 的有效相对介电常数的一种提取方法——半波长法。半波长法是从 ISGW 的 S_{11} 结果中提取特定频率下的有效相对介电常数。特定频率下 ISGW 模型的长度是传播电磁波的半波长的整数倍，这时 ISGW 的输入阻抗和负载阻抗相等，S_{11} 出现极小值点，可以由极小值频率值提取有效相对介电常数。

长度为 L 的 ISGW 模型，输入阻抗 $Z_{\mathrm{in}}(L)$ 与负载阻抗 Z_L 满足

$$Z_{\mathrm{in}}(L) = Z_0 \frac{Z_L + \mathrm{j}Z_0 \tan(\beta L)}{Z_0 + \mathrm{j}Z_L \tan(\beta L)} \tag{3.15}$$

式中，Z_0 是 ISGW 的特性阻抗；$\beta = 2\pi/\lambda$ 是传播常数，波长 λ 用有效相对介电常数 ε_e 表示为

$$\lambda = \frac{c}{f\sqrt{\varepsilon_e}} \tag{3.16}$$

其中，c 是光速；f 是工作频率。

在某些特定的工作频率 $f_i(i=1,2,3,\cdots)$ 处，ISGW 的长度 L 是半波长的整数倍，表示为

$$L\big|_{f=f_i} = n\frac{\lambda}{2} \tag{3.17}$$

式中，n 为一个实整数。

将式（3.17）代入式（3.15），输入阻抗可以表示为

$$Z_{\mathrm{in}}(L)\big|_{f=f_i} = Z_L \tag{3.18}$$

ISGW 工作在频率 f_i 时，ISGW 的输入阻抗总等于负载阻抗，且与 ISGW 的特性阻抗 Z_0 无关。

对于 ISGW 的反射系数幅度 S_{11}，会在频率 f_i 处出现一个极小值点。图 3.12 给出了 ISGW 的 S_{11} 的示意图，显示了 P_1 和 P_2 等 5 个极小值点。由极小值点所对应的频率数据 f_i，综合式（3.16）和式（3.17），可以得到提取有效相对介电常数的表达式为

$$\varepsilon_e = \left(n\frac{c}{2f_i L}\right)^2 \tag{3.19}$$

以上是半波长法提取有效相对介电常数的原理。现在要讨论一下 n 的取值。如果 ISGW 的工作频段从 0 GHz 开始，当 $f_i = 0$ GHz 时 $n=0$，S_{11} 会出现一个极小值点。但是，ISGW 受到 EBG 禁带的影响，其工作频段不是从 0 GHz 开始，而是从某个频率开始，因此 n 的取值从非零开始。

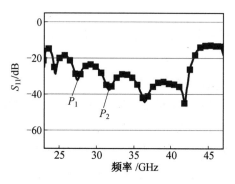

图 3.12 ISGW 的 S_{11} 的示意图

对于表 3.1 和表 3.2 的两层 ISGW 和三层 ISGW 结构,本书设计了长度都为 $L=19.8$ mm 的 ISGW 模型。

使用高频电磁仿真软件 ANSYS 仿真得到了 ISGW 模型的传输特性和不同极点处电场图。三层 ISGW 传输特性的仿真结果如图 3.13 所示,从图 3.13(a)中看出 ISGW 的工作频段($S_{11}<-10$ dB 且 $S_{12}>-3$ dB)为 25～45 GHz,包含 5 个极值点。为了保证输入阻抗和负载阻抗的匹配最大化,选取 $S_{12}>-1$ dB 的 4 个极值点(S_{12} 越接近 0 dB,ISGW 的传输性能越好),其频率分别为27.4 GHz、31.7 GHz、36.5 GHz 和 41.9 GHz。通过图 3.13(b)电场周期性的强弱变化,得到 ISGW 分别为半波长的 5 倍、6 倍、7 倍和 8 倍,即 27.4 GHz、31.7 GHz、36.5 GHz 和 41.9 GHz 频率处 $n=5$、6、7 和 8。

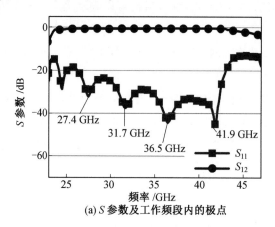

(a) S 参数及工作频段内的极点

图 3.13 三层 ISGW 传输特性的仿真结果

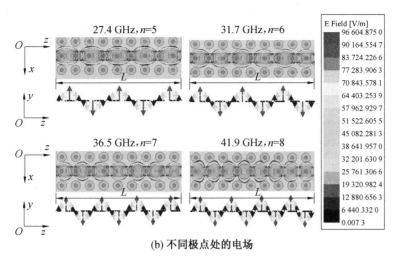

(b) 不同极点处的电场

续图 3.13

三层 ISGW 仿真数据提取的有效相对介电常数见表 3.3。可以看出,有效相对介电常数随着频率的变化而变化,符合介电常数随频率变化的基础理论。

表 3.3　三层 ISGW 仿真数据提取的有效相对介电常数

参数含义	仿真数据提取			
f_i/GHz	27.4	31.7	36.5	41.9
n	5	6	7	8
ε_e	1.911 1	2.056 1	2.110 9	2.092 2

两层 ISGW 传输特性的仿真结果如图 3.14 所示,ISGW 工作频段为 22～44.8 GHz,包含 6 个极值点,选取 $S_{12} > -1$ dB 的 4 个极值点,其频率分别为 24.8 GHz、28.5 GHz、33.0 GHz 和 37.6 GHz。通过图 3.14(b) 4 个极值点频率处的电场图得到 24.8 GHz、28.5 GHz、33.0 GHz 和 37.6 GHz 频率处 $n=4$、5、6 和 7。

提取出有效相对介电常数的结果见表 3.4,可以看出两层 ISGW 的有效相对介电常数也随着频率的变化而变化,且在工作频率范围内低于三层 ISGW 提取出的结果。

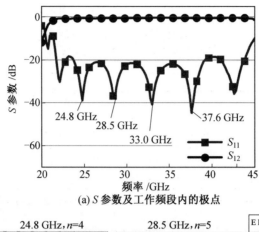

(a) S 参数及工作频段内的极点

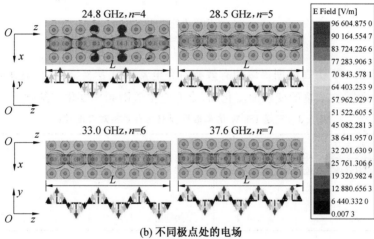

(b) 不同极点处的电场

图 3.14　两层 ISGW 传输特性的仿真结果

表 3.4　两层 ISGW 仿真数据提取的有效相对介电常数

参数含义	仿真数据提取			
f_i/GHz	24.8	28.5	33.0	37.6
n	4	5	6	7
ε_e	1.493	1.766 5	1.897 3	1.989 2

为了验证有效相对介电常数的理论计算和半波长提取方法的提取结果,制作了三层 ISGW 的原型,加工组装后的实物如图 3.15 所示。加工了一块厚度为 5 mm、大小与介质板相同的铝块,采用不锈钢螺丝钉和螺帽固定层介质板和铝块,使得三层介质板尽可能地贴近。为了测试,在微带过渡线的两个端口上焊接了两个 2.92 mm 的同轴连接器。

图 3.15　三层 ISGW 的加工实物图

使用矢量网络分析仪（Keysight N5234A）对加工的 ISGW 进行测试。测试环境如图 3.16（a）所示。

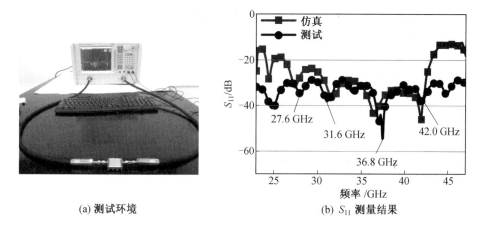

(a) 测试环境　　　　　　　　(b) S_{11} 测量结果

图 3.16　ISGW 的测试结果

通过校准、测量，得到 ISGW 的 S_{11} 测量结果如图 3.16（b）所示。可以看出，实测结果与仿真结果吻合较好，4 个极值点处频率分别为 27.6 GHz、31.6 GHz、36.8 GHz 和 42.0 GHz，与仿真极值点非常接近。因此，由仿真电场图 3.16（b）得到的 n 的取值可以作为测试数据提取参数。

利用式（3.18）从测试 S_{11} 中提取出有效相对介电常数的结果见表 3.5。

表 3.5　测试数据提取的有效相对介电常数

参数含义	测试数据提取			
f_i/GHz	27.6	31.6	36.8	42.0
n	5	6	7	8
ε_e	1.88	2.07	2.08	2.08

从仿真和测量数据中提取的有效相对介电常数的结果非常接近，平均相对

误差为 1.6%。

3.5　ISGW 的传播常数

对于 ISGW 来说，电磁波在 z 轴方向传播，模式为 Q-TEM 模式，电场可以表示为 $E(z,t)=E_m\cos(\omega t-\beta z)$ 的时谐场，其中，t 为时间变量，E_m 为电场幅值，ω 为角速度，β 为传播常数。

传播常数 β 是电磁波在传输方向 z 轴的距离常数，电场在 z 方向上恒定相位点时 $\omega t-\beta z$ 为一常数，相速度 v_p 可以表示传播距离 z 的时间微分，$v_p=\dfrac{dz}{dt}$，也可以表示为 ω/β。因此，ISGW 的传播常数 β 可以表示为

$$\beta=\frac{2\pi f}{v_p} \tag{3.20}$$

式中，f 为工作频率；相速度 v_p 与传播介质的电磁参数有关。

对于 ISGW，相速度可以表示为

$$v_p=\frac{1}{\sqrt{\mu\varepsilon}} \tag{3.21}$$

式中，μ 为 ISGW 的磁导率，由于 ISGW 的介质板的相对磁导率都为 1，因此 ISGW 的磁导率等于空气中的磁导率 μ_0；ε 为 ISGW 的介电常数，根据 3.4 节提出的有效相对介电常数 ε_e 的概念，$\varepsilon=\varepsilon_e\varepsilon_0$。

传播介质为空气时，相速度 $v_p=\dfrac{1}{\sqrt{\mu_0\varepsilon_0}}=3\times10^8$ m/s。空气中的传播常数采用专门的符号 k_0 来表示，记为

$$k_0=\frac{2\pi f}{c} \tag{3.22}$$

可知 k_0 与频率 f 呈线性关系。k_0 随频率线性变化的色散特性称为光线，英文文献中表述为"light line"。

综合式(3.20)～(3.22)，可以得到 ISGW 的传播常数 β 表示为

$$\beta=\frac{2\pi f}{c}\cdot\sqrt{\varepsilon_e} \tag{3.23}$$

因此，可以采用半波长方法从仿真结果和测试结果中提取 ε_e 进行验证。

利用仿真软件 CST 对 ISGW 单元进行周期性参数扫描，得到了仿真色散结果，如图 3.17(a)所示。在 ISGW 的工作频段内出现了一个模式 Mode 8，即 ISGW 的传播模式，Mode 8 的频率范围在 ISGW 的工作频段范围内（黄色阴影区

域)几乎为一条直线,符合 Q-TEM 模式传播的特点——与频率呈正比关系。而图 3.17(a)中加矩形标记的曲线为光线的传播常数k_0,其作为对比曲线存在。

图 3.17(b)给出了 ISGW 的传播常数的仿真和测试结果的比较,其中测试结果是将从 S_{11} 中提取的ε_e结果代入式(3.24)得到。可以看出,三种结果之间相差较小,证明了采用有效相对介电常数的方法计算传播常数的可信度。

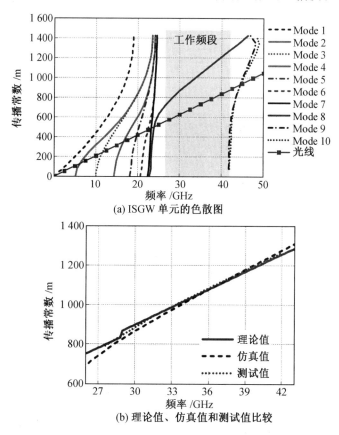

(a) ISGW 单元的色散图

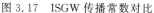

(b) 理论值、仿真值和测试值比较

图 3.17　ISGW 传播常数对比

3.6　其他频段的 ISGW 模型的有效相对介电常数提取结果

本节将有效相对介电常数提取方法应用到其他两个频段的 ISGW 原型中,分别工作在 4~12 GHz 和 8~18 GHz 频率范围内,两个 ISGW 模型的加工实物如图 3.18 所示。

模型 1 工作在 4～12 GHz 频率范围内,加工实物如图 3.18(a)所示。物理参数为 $\varepsilon_{rs}=3.48$、$\varepsilon_{rz}=2.2$、$\varepsilon_{rx}=3.48$,厚度为 $h_s=0.762$ mm、$h_z=0.254$ mm、$h_x=1.524$ mm,微带脊的宽度为 $w=2.8$ mm,ISGW 的长度为 $L=56$ mm,EBG 的参数分别 $p=6$ mm、$d_p=5.6$ mm、$d_v=1$ mm。

模型 2 工作在 8～18 GHz 频率范围内,加工实物如图 3.18(b)所示。物理参数为 $\varepsilon_{rs}=3.48$、$\varepsilon_{rz}=2.2$、$\varepsilon_{rx}=3.48$,厚度为 $h_s=0.508$ mm、$h_z=0.254$ mm、$h_x=1.524$ mm,微带脊的宽度为 $w=2.4$ mm,ISGW 的长度为 $L=41$ mm,EBG 的参数分别 $p=4$ mm、$d_p=3.4$ mm、$d_v=0.6$ mm。

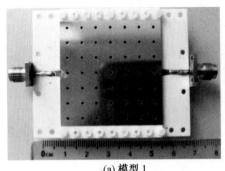

(a) 模型 1　　　　　　　　　　　　　　(b) 模型 2

图 3.18　两个 ISGW 模型的加工实物

通过对模型 1 和模型 2 利用半波长方法进行提取,本节得到两个 ISGW 模型的有效相对介电常数结果,见表 3.6。对于测试数据,由于从 S_{11} 的几个特定频率处提取结果,因此测试结果是间断的,应用时可以用数据拟合的方式补充其他频率的结果。可以看出,有效相对介电常数的几个测试结果随频率增加而变大,符合有效相对介电常数随频率变化的规律。

表 3.6　两个 ISGW 模型的有效相对介电常数理论和测试结果

模型	测试数据提取值
模型 1	2.92(4.89 GHz)
	2.96(6.24 GHz)
	3.01(8.95 GHz)
	3.04(10.39 GHz)
模型 2	2.73(9.25 GHz)
	2.80(10.78 GHz)
	2.88(12.35 GHz)
	2.99(14.99 GHz)

3.7　本章小结

本章系统地对 ISGW 进行了研究。作为 ISGW 的重要结构,蘑菇型电磁带隙结构(EBG)对 ISGW 工作频率范围起决定作用,EBG 的禁带近似为 ISGW 的工作频率范围。本章提出了 ISGW 的 EBG 集总电路模型,利用分布参数理论计算 EBG 的分布电容、电感参数,利用集总电路等效推导出了两层 EBG 和三层 EBG 禁带的谐振频率和带宽,并对比了全波仿真软件 CST 的数值计算结果。

本章分别对两层介质板和三层介质板的 ISGW 结构进行了研究,在毫米波频段对 ISGW 进行建模,包括 ISGW 的单元色散特性和传输特性,对 ISGW 的特性阻抗、有效相对介电常数、传播常数进行阐述,提出了一种半波长的方法,从 ISGW 的 S_{11} 的仿真和测量结果中提取有效相对介电常数,研究了毫米波频段的 ISGW 模型的提取结果,还对其他工作频段内的 ISGW 的提取结果进行了分析验证。

ISGW 在毫米波波段具有低损耗、易集成等特点,本章系统地介绍了 ISGW,包括 EBG 结构、ISGW 工作原理、特性阻抗、有效相对介电常数和传播常数等。通过理论推导、数值计算、实验验证等方法,对研究内容进行全方位的阐述,得到了以下结论:

(1)ISGW 的工作原理是:电磁波在导带两侧的周期性 EBG 可以作为人工磁导体,将能量束缚在微带脊上,使电磁波只能沿着微带脊传播,降低了能量向空间辐射的可能性。

(2)ISGW 的工作频率范围由 EBG 的禁带范围所决定,因此设计一个 ISGW 电路的首要任务是设计一个频率范围内的 EBG。设计方法可以利用本章的 EBG 集总电路模型进行估计,再利用仿真软件 CST 或者 ANSYS 进行数值计算。

(3)ISGW 的传播特性包括特性阻抗、有效相对介电常数、传播常数等,利用本章的半波长方法可以提取一个 ISGW 的有效相对介电常数、传播常数,利用本章介绍的特性阻抗表达式可以进行阻抗计算。

本章关于 EBG、有效相对介电常数理论、有效相对介电常数的提取、传播常数的详细研究,为 ISGW 的应用研究提供了理论参考。

本章参考文献

[1] ZHANG J, ZHANG X P, SHEN D Y. Design of substrate integrated gap waveguide[C]//2016 IEEE MTT-S International Microwave Symposium (IMS). San Francisco, CA. IEEE, 2016: 1-4.

[2] ZHANG J, ZHANG X P, KISHK A A. Design of substrate integrated gap waveguide and their transitions to microstrip line, for millimeter-wave applications[J]. IEEE Access, 2019, 7: 154268-154276.

[3] SHEN D Y, WANG K, ZHANG X P. A substrate integrated gap waveguide based wideband 3-dB coupler for 5G applications[J]. IEEE Access, 2018, 6: 66798-66806.

[4] SA Y C, SHEN D Y, ZHANG X P. Characteristic impedance of integrated substrate gap waveguide[J]. International Journal of RF and Microwave Computer-Aided Engineering, 2021, 31(8): 1-15.

[5] RUAN Z D, SHEN D Y, YUAN H, et al. A self-packaged ultra-wide band bandpass filter using integrated substrate gap waveguide[C]//2019 IEEE MTT-S International Wireless Symposium (IWS). Guangzhou, China. IEEE, 2019: 1-3.

[6] DONG M, SHEN D Y, ZHANG X P, et al. Substrate integrated gap waveguide bandpass filters with high selectivity and wide stopband[C]// 2018 IEEE/MTT-S International Microwave Symposium - IMS. Philadelphia, PA, USA. IEEE, 2018: 285-288.

[7] RUAN Z D, SHEN D Y, YUAN H, et al. A self-packaged ultra-wide band bandpass filter using integrated substrate gap waveguide[C]//2019 IEEE MTT-S International Wireless Symposium (IWS). Guangzhou, China. IEEE, 2019: 1-3.

[8] YANG J, SHEN D Y, ZHANG X P. Integrated substrate gap waveguide wideband bandpass filter with two transmission Zeros and wide stopband [C]//2019 International Conference on Microwave and Millimeter Wave Technology (ICMMT). Guangzhou, China. IEEE, 2019: 1-3.

[9] YANG F, RAHMAT-SAMII Y. Microstrip antennas integrated with elec-

tromagnetic band-gap structures: A low mutual coupling design for array applications[J]. IEEE Transactions On Antennas And Propagation, 2003, 51(10): 2936-2946.

[10] RAZA H, YANG J, KILDAL P S, et al. Resemblance between gap waveguides and hollow waveguides[J]. IET Microwaves, Antennas & Propagation, 2013, 7(15): 1221-1227.

[11] CHAPARRO-ORTIZ D A, TORRES-TORRES R. A stripline width-array method for determining a causal model for the complex permittivity [J]. IEEE Microwave and Wireless Components Letters, 2021, 31(3): 328-331.

[12] GUPTA K C , GARG R, BAHL I J. Micorstrip lines and slotlines[M]. Dedham: Artech House, 2013.

[13] HOSSEINI M H, HEIDAR H, SHAMS M H. Wideband nondestructive measurement of complex permittivity and permeability using coupled co-axial probes[J]. IEEE Transactions on Instrumentation and Measurement, 2017, 66(1): 148-157.

[14] LIU H M, FANG S J, WANG Q, et, al. PCB dielectric constant measurement method[J]. Journal of Dalian Maritime University, 2011, 37 (3):116-119.

[15] SHEN D Y, MA C J, REN W P, et al. A low-profile substrate-integrated-gap-waveguide- fed magnetoelectric dipole[J]. IEEE Antennas and Wireless Propagation Letters, 2018, 17(8): 1373-1376.

第 4 章　集成基片间隙波导缝隙天线

随着集成电路的发展,集成基片天线已经成为天线研究的热点,而集成基片间隙波导(ISGW)可以实现对微带线的封装,抑制空间的电磁波辐射,可以应用在传统微带天线的集成设计方面。

传统的微带缝隙天线通过在地板上开缝进行辐射,包括矩形窄缝微带天线[1]、矩形宽缝微带天线[2]、分形天线[3]、渐变缝隙微带天线[4]等,其中矩形宽缝微带天线由于工作带宽宽、结构简单、易集成等优点受到研究者的持续关注。

除了微带馈电的缝隙天线外,SIW 馈电的缝隙天线也受到广泛关注。SIW 缝隙天线设计方法简单、结构多样,通过在 SIW 的介质板上表面蚀刻各种辐射缝隙结构,达到控制单模或多模谐振辐射的目的。然而,SIW 缝隙天线的单天线增益不高,发表文献中的增益数据为 4～7 dB[5-7]。文献[5]设计了一款哑铃形状的 SIW 缝隙天线,阶梯变化的缝隙扩展了带宽,在 18.2～23.8 GHz 的工作带宽内增益达到了 7 dB 以上。一种双模工作的 Ka 波段 SIW 双频单缝隙天线,工作频率达到 25.3～30.7 GHz,增益约为 6 dBi[6]。

对比 SIW,金属间隙波导在缝隙天线设计上具有很大的优势,尤其是其高增益特性[8-11]。第一个间隙波导天线是 Kirino 教授在 2012 年提出的[8],随后 Kilda 教授的研究团队设计了更多性能优良的间隙波导天线,以缝隙、漏波、喇叭为辐射器,金属脊一分四或者一分二再一分二得到功分网络,再将 4 个分脊上的金属板开缝隙,形成的 1 * 4 或者 2 * 2 的缝隙天线阵列得到了 20% 的阻抗带宽和约12 dBi 的总增益[9]。

本章介绍一种基于 ISGW 的高增益、宽带宽的缝隙天线,通频带为 24.9～38.1 GHz,几乎覆盖了整个 Ka 频段(26.5～40 GHz),平均增益达到了 9 dB。ISGW 缝隙天线利用 ISGW 自封装的特性,使得缝隙天线的辐射特性集中在主辐射方向,大大降低了副瓣,比传统微带缝隙天线的增益提升了 3 dB。为了调谐ISGW 缝隙天线的主谐振点,本章还提出一种 ISGW 谐振腔调谐方法,实现了可调谐的 ISGW 缝隙天线。

本章还进行了带阻滤波天线的工作。随着通信系统的发展,功能集成器件越来越受到研究者的关注,滤波天线将天线和滤波器集成设计,不仅可以减小天线体积,可以提高电路的性能。一种方法是将天线辐射器作为滤波器的最后一个谐振器,另一种方法是在天线的馈电结构中引入辐射零点。目前研究的滤波天线大多是带通滤波天线,以达到良好的窄带性能、高通带增益和良好的带外抑制,而带阻滤波器(band stop filter,BSF)结合天线的滤波性能并不好。一个典型的例子是超宽带陷波天线,它在过去的几十年里得到了广泛研究,通过在贴片、地平面或馈线上切槽来将带缺口功能引入到超宽带天线中。虽然在回波损耗特性上已经取得了良好的窄带频带抑制性,但很少有文献在天线增益的滤波特性方面展开研究。

以 ISGW 缝隙天线为基础,本章介绍了一种 ISGW 带阻滤波缝隙天线。在天线辐射器上引入谐振器,形成辐射零点,使原天线的工作频段内出现带阻滤波特性,实现了无额外电路的带阻滤波电路。谐振器采用互补开口谐振环(CSRR),由于辐射器尺寸小,因此首先采用等效电路方法研究有限尺寸导体上的 CSRR 的工作原理和频率特性;其次基于 5G 商业频段的需求设计了带阻滤波频段,在天线辐射器上引入一个 CSRR 实现一阶带阻滤波特性;最后为了加宽阻带的范围,在天线辐射器上引入两个谐振频率不同的 CSRR,实现天线的二阶带阻滤波特性。

本章所介绍的可调谐的 ISGW 缝隙天线、一阶带阻滤波天线和二阶带阻滤波天线均经过了加工测试和验证。

4.1　天线基本参数

天线是一种导行波与自由空间波之间的转换器件,也可以称为电路与空间的界面器件。按电路的观点,从传输线到天线可以看作是一个辐射电阻。天线性能体现在电参数上,包括描述辐射特性方向性系数、增益、辐射效率,以及分析方向图所得到的波束宽度、副瓣电平等;此外,还有一些电参数用于反映天线的电路与频率特性,如输入阻抗、回波损耗及带宽。

天线的方向性用于定量描述天线某个方向集中辐射电磁波的强弱,一般用极坐标系来描述电磁场的空间分布。天线辐射的场强方向函数用 $F(\theta,\varphi)$ 表示,其中 θ、φ 是极坐标下天线的俯仰角和水平角。归一化场强方向图函数 $f(\theta,\varphi)$ 表示为

$$f(\theta,\varphi) = \frac{F(\theta,\varphi)}{\max F(\theta,\varphi)} \tag{4.1}$$

式中,$F(\theta,\varphi)$ 和 $f(\theta,\varphi)$ 又分别称为波瓣图函数和归一化波瓣图函数;$\max F(\theta,$

φ)是波瓣图函数的最大值,一般描述天线的远场区域。

天线的波瓣图分为主瓣和副瓣,总波束范围由主瓣范围和副瓣范围构成,主波束范围与总波束范围之比称为波束效率,副瓣范围与总波束之比称为杂散因子。天线的定向性 D 是在远场区的某一球面上最大辐射功率密度与其平均值之比,是大于等于 1 的无量纲比值。天线的增益 G 既能表示天线辐射能量集中的程度,也能反应天线的损耗,定义为在相同的输入功率下,天线在辐射方向产生的功率密度最大值与其辐射功率密度的平均值之比。增益系数比较全面地表征了天线的性能,是天线设计的重要参数,一般用分贝(dB)表示。

除了方向性,天线与其馈线要尽量满足阻抗匹配,可以采用传输线理论中的阻抗匹配原理去分析。天线的输入阻抗 Z_{in} 是天线在输入端的阻抗,包含实部电阻和虚部电抗,电阻部分等于辐射电阻和损耗电阻之和。

当天线与发射器或接收器未完全匹配时,就会存在反射波,反射波在天线端口处与入射波同时存在会产生损耗,通常利用电压反射系数来反映这种失配的程度。天线与微带线等馈线的匹配情况也可以用电压驻波比或回波损耗来表示。

在理想情形下,馈线与天线完全匹配,此时馈线上的导波为行波状态,所有入射功率均传输至天线。当馈线与天线不匹配时,导波在馈线上将呈现出行驻波状态,电压波腹点电压振幅为入射波电压的 $1+|\varGamma|$ 倍,使得馈线功率容量下降并造成馈线损耗增加。因此,为了限制天线的匹配程度,将天线的回波损耗作为天线的阻抗指标,工程上将回波损耗低于 -10 dB 的频率范围定义为天线的阻抗带宽,即天线带宽。天线带宽一般用相对阻抗带宽表示,相对阻抗带宽小于 10% 的天线称为窄带天线,相对阻抗带宽大于 20% 的天线称为宽带天线。

4.2　缝隙天线辐射原理

缝隙天线是在导体表面开缝而辐射电磁波的一种天线,如微带线导体地、波导的宽边壁或侧边壁。

图 4.1 所示为理想缝隙天线的示意图,在理想导体表面(yOz)开出长为 L_{s}、宽为 W_{s} 的缝隙,$W_{\text{s}} \ll \lambda$ 且 $L_{\text{s}} = \lambda/2$。缝隙的电场分布如图 4.1 所示,关于 y 轴对称,表示为

$$\boldsymbol{E}(z) = -E_{\text{m}} \sin\left[k(l-|z|)\right]\boldsymbol{e}_{\text{y}} \tag{4.2}$$

式中,E_{m} 为 $y=0$ 时的场强值;$\boldsymbol{e}_{\text{y}}$ 为 y 方向单位矢量。

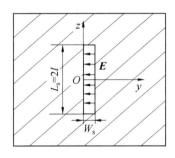

图 4.1　理想缝隙天线的示意图

由等效原理,在天线平面的 x 轴正向,电磁场由缝隙的等效电流元和磁流元的辐射来等效。根据麦克斯韦方程,等效面电流密度沿 y 轴方向,由于距离非常小可以忽略,等效面磁流密度表示为

$$\boldsymbol{J}_{\mathrm{m}} = -\boldsymbol{n} \times \boldsymbol{E}(z) \big|_{z=0} = E_{\mathrm{m}} \sin\left[k(l-|z|)\right] \boldsymbol{e}_z \tag{4.3}$$

由于 $W_{\mathrm{s}} \ll \lambda$,将 $\boldsymbol{J}_{\mathrm{m}}$ 等效为线磁流 $\boldsymbol{I}'_{\mathrm{m}}$,表示为

$$\boldsymbol{I}'_{\mathrm{m}} = \boldsymbol{J}_{\mathrm{m}} W_{\mathrm{s}} = E_{\mathrm{m}} W_{\mathrm{s}} \sin\left[k(l-|z|)\right] \boldsymbol{e}_z \tag{4.4}$$

因此在天线平面的 x 轴正向的天线方向性可以按磁对称振子进行计算。

由镜像原理,总的等效磁流为

$$\boldsymbol{I}_{\mathrm{m}} = 2\,\boldsymbol{I}'_{\mathrm{m}} = E_{\mathrm{m}} W_{\mathrm{s}} \sin\left[k(l-|z|)\right] \boldsymbol{e}_z \tag{4.5}$$

再根据对偶原理,缝隙天线的辐射场可由电对称振子计算得到,表示为

$$\boldsymbol{E} = -\mathrm{j}\,\frac{E_{\mathrm{m}} W_{\mathrm{s}}}{\pi r}\,\frac{\cos(kl\cos\theta) - \cos kl}{\sin\theta}\,\mathrm{e}^{-\mathrm{j}kr}\,\boldsymbol{e}_{\varphi} \tag{4.6}$$

$$\boldsymbol{H} = -\mathrm{j}\,\frac{E_{\mathrm{m}} W_{\mathrm{s}}}{\pi r}\sqrt{\frac{\varepsilon}{\mu}}\,\frac{\cos(kl\cos\theta) - \cos kl}{\sin\theta}\,\mathrm{e}^{-\mathrm{j}kr}\,\boldsymbol{e}_{\theta} \tag{4.7}$$

在天线平面的 x 轴负向,电磁场的表达式为式(4.6)和式(4.7)的负值。由式(4.6)和式(4.7)可得缝隙天线的方向函数为

$$f(\theta) = \frac{\cos(kl\cos\theta) - \cos kl}{\sin\theta} \tag{4.8}$$

由上式可知缝隙天线方向性最强的方向为 xOy 平面,由此判断电场平面(E 平面)为 xOy 平面,磁场平面(H 平面)为 xOz 平面。

上述理论是在理想情况下实现的,无限大导体平面实际上是很难实现的,通常导电平面都是有限的。在这种情况下,E 平面方向图中的波瓣会受影响,副瓣增加。

微带缝隙天线是指微带馈电、缝隙辐射的天线,具有低剖面的特点,在小型化的设备中具有广泛的应用,任意形状的缝隙结构都有其互补形式的导带或导

线,可以利用互补形式的导带或者导线来预估缝隙天线的阻抗和波瓣方向图[12]。
微带缝隙结构如图 4.2(a)所示,介质板的一侧是金属地板,在金属地板上蚀刻长
度为半个波长、宽度远小于波长的缝隙,另一侧是微带线馈电。微带缝隙天线的
电场分布俯视图如图 4.2(b)所示,缝隙的电场呈现边缘分布。

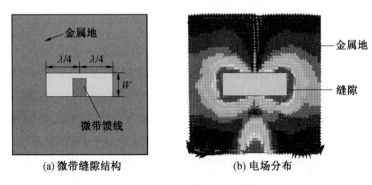

(a) 微带缝隙结构　　　　　　(b) 电场分布

图 4.2　微带缝隙天线

　　微带缝隙天线可分为两类:一类是窄缝天线,另一类是宽缝天线。当缝隙的
宽度和工作波长相近时,该缝隙为宽缝隙;当缝隙的宽度远小于天线的工作波长
时,该缝隙为窄缝隙。

　　窄缝天线一般具有良好的方向性、窄带特性和高增益。微带窄缝天线的结
构如图 4.3 所示。从俯视方向看,微带馈线垂直于缝隙,微带线在中心处激励缝
隙称为中心馈电,如图 4.3(a)所示。然而,大多数窄缝天线的缝隙中心处导体阻
抗较大,为了调节天线的阻抗匹配,微带线也可以调整偏离中心,称为偏心馈电,
如图 4.3(b)所示。

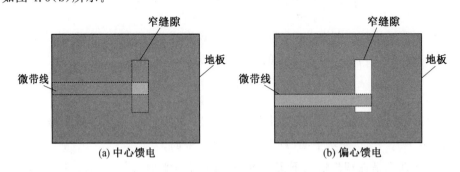

(a) 中心馈电　　　　　　　　(b) 偏心馈电

图 4.3　微带窄缝天线的结构

　　微带宽缝天线的结构如图 4.4 所示,微带馈线垂直于缝隙,微带线在中心处
激励缝隙称为中心馈电。宽缝天线相对于窄缝天线的优点是:在同频率下,加工
时精确度要求更低。

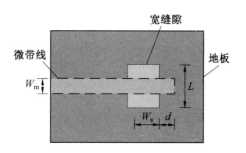

图 4.4　微带宽缝天线的结构

　　计算宽缝天线的阻抗沿传输线分布时,缝隙宽度的影响不可忽略。微带缝隙天线的方向图是双向的,同时向上下辐射电磁波,如果只需要单向辐射,可以在微带线下面放置一块平行于天线介质板的反射板。缝隙到发射板的距离与缝隙的输入阻抗和辐射特性有很大的关系,当距离大约为四分之一或者三分之一自由空间中的波长时,两者相差很小,接近于匹配。当距离为四分之一自由空间中的波长时,方向图中副瓣电平最小,且方向图的前后辐射比最大。

4.3　ISGW 馈电的缝隙天线

　　本节介绍传统微带馈电的缝隙天线,并对其进行建模仿真,同时对 ISGW 馈电的缝隙天线进行建模仿真,对比两种天线,发现 ISGW 在缝隙天线设计中具有提高天线方向性的优势。为了应用于毫米波通信系统,设计了一个毫米波频段的微带宽缝天线,其结构如图 4.5(a)所示。

　　介质板采用 Rogers RT5880 的基板,厚度为 0.508 mm;馈电线由微带线、微带过渡结构和馈电矩形贴片组成,其中微带过渡结构将微带线和馈电矩形贴片进行阻抗匹配,改善天线的回波损耗特性。微带线、馈电贴片、缝隙的尺寸如图

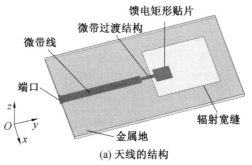

(a) 天线的结构

图 4.5　传统微带馈电的缝隙天线的结构和拓扑

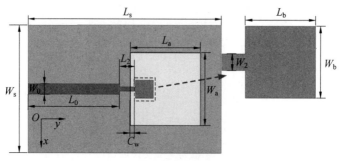

(b) 天线的拓扑

续图 4.5

4.5(b)所示。C_w 为馈电贴片边缘到辐射缝边缘的距离,影响贴片与缝的耦合。传统微带馈电的缝隙天线的参数见表 4.1。

表 4.1　传统微带馈电的缝隙天线的参数

参数	含义	取值/mm	参数	含义	取值/mm
L_s	天线长度	28	L_a	缝隙长度	10.2
W_s	天线宽度	18	W_a	缝隙宽度	10.2
L_0	微带线长度	13.3	L_b	矩形贴片长度	2.6
W_0	微带线宽度	1.5	W_b	矩形贴片宽度	2.6
L_2	微带过渡结构长度	2.3	C_w	矩形贴片与缝隙的距离	0.4
W_2	微带过渡结构宽度	0.6			

微带馈电宽缝天线具有很宽的阻抗带宽,但最大辐射方向(z 轴正向)的增益却较差。回波损耗与最大辐射方向的全波仿真结果如图 4.6(a)所示,其阻抗带宽($S_{11}<-10$ dB)的范围是 16.5~50.4 GHz,相对带宽为 100.9%,覆盖了微波波段的部分 Ku 波段(12.4~18.0 GHz)、K 波段(18.0~26.5 GHz)、Ka 波段(26.5~40 GHz)和 Q 波段(33.0~50.0 GHz)。工作频段内具有三个谐振点,其频率分别为 18.8 GHz、32.4 GHz 和 46.2 GHz。但该天线的增益不高,增益大于 5 dB 的频率范围仅为 26.2~37.6 GHz,占总带宽的 33.5%,峰值增益出现在第二个谐振点 32.4 GHz 处。天线的 E 平面和 H 平面的方向图如图 4.6(b)所示,天线最大增益为 7.15 dB,原因是辐射方向图的电场和磁场能量在 z 轴正向和反向几乎相同,能量不集中。

为了改善传统缝隙天线的性能,提高了天线的方向性,接下来采用 ISGW 馈电的方式进行设计,并建模仿真验证。

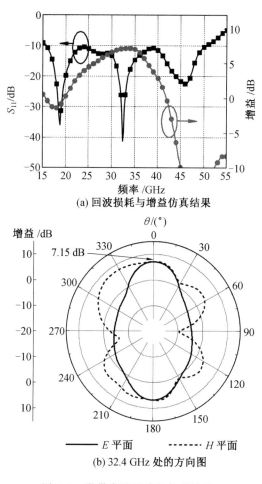

(a) 回波损耗与增益仿真结果

(b) 32.4 GHz 处的方向图

图 4.6　微带宽缝天线的仿真结果

ISGW 馈电的缝隙天线的结构如图 4.7(a)所示,采用 ISGW 三层结构进行馈电,介质板均为 Rogers RT5880。介质板 1 的上表面为导体表面,其上蚀刻矩形宽缝辐射电磁波,底表面由馈电线和矩形馈电贴片组成。介质板 2 为间隙层,无金属表面,防止馈电线与介质板 3 上的 EBG 接触而影响天线馈电。介质板 3 由金属表面和充当人工磁导体的 EBG 组成。

图 4.7(b)给出了天线的拓扑结构,天线的参数、含义和取值见表 4.2。

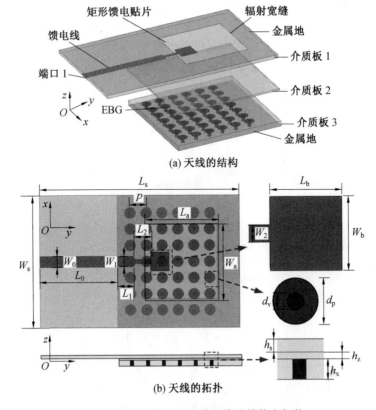

(a) 天线的结构

(b) 天线的拓扑

图 4.7　ISGW 馈电的缝隙天线的结构和拓扑

表 4.2　ISGW 馈电的缝隙天线的参数

参数	含义	取值/mm	参数	含义	取值/mm
L_s	天线长度	28	W_a	缝隙宽度	10.2
W_s	天线宽度	18	L_b	矩形贴片长度	2.6
L_0	微带线长度	11	W_b	矩形贴片宽度	2.6
W_0	微带线宽度	1.5	p	EBG 周期	2.2
L_1	微带脊长度	2.3	d_p	EBG 贴片直径	1.5
W_1	微带脊宽度	1.4	d_v	EBG 通孔直径	0.66
L_2	微带过渡结构长度	2.3	h_s	介质板 1 厚度	0.508
W_2	微带过渡结构宽度	0.6	h_z	介质板 2 厚度	0.254
L_a	缝隙长度	10.2	h_x	介质板 3 厚度	0.787

ISGW 馈电的缝隙天线的设计包括辐射缝隙的设计、ISGW 馈电线的设计、ISGW 阻抗的计算、微带线的阻抗计算、$\lambda/4$ 阻抗转换器和天线阻抗估计。

（1）辐射缝隙的设计。

为适用于 5G 毫米波通信系统，天线中心频率设置为 29 GHz。根据宽缝天线的原理，矩形辐射缝隙根据如下公式设计：

$$W_a = W_b = \frac{3}{2} \frac{c}{f_0 \sqrt{\varepsilon_e}} \tag{4.9}$$

式中，ε_e 是 ISGW 的等效相对介电常数。

根据第 2 章的半波长提取法，频率为 29 GHz 时 $\varepsilon_e = 2.043$，代入式（4.9），得到计算值为 $W_a = L_a = 10.8$ mm（经过仿真优化的取值为 10.6 mm）。

（2）ISGW 馈电线的设计。

为获得天线的阻抗带宽，仅考虑缝隙天线的辐射带宽还不够，必须仔细设计天线的馈电结构以实现阻抗匹配。

ISGW 馈电线结构由微带线、ISGW 微带脊、$\lambda/4$ 阻抗变换器三部分组成，再连接到天线的矩形馈电贴片上，如图 4.8（a）所示。

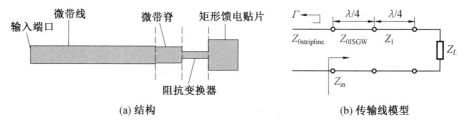

(a) 结构　　　　　　　　　　　(b) 传输线模型

图 4.8　ISGW 馈电线

馈电线结构的传输线模型如图 4.8（b）。ISGW 馈电线的三部分和矩形馈电贴片的阻抗分别为微带线阻抗 $Z_{0stripline}$、ISGW 阻抗 Z_{0ISGW}、阻抗变换器阻抗 Z_1 和矩形馈电贴片阻抗 Z_L（Z_L 既可以看作馈电线的输出，也可以看作天线阻抗）。

微带线的阻抗设计为 50 Ω，从微带线向矩形贴片方向看去的输入阻抗为 Z_{in}，则馈电线的反射系数 Γ 可以表示为

$$\Gamma = \frac{Z_{in} - Z_{0stripline}}{Z_{in} + Z_{0stripline}} \tag{4.10}$$

除微带线部分外的输入阻抗 Z_{in} 可以表示为

$$Z_{in} = Z_{0ISGW} \cdot \frac{Z_L + jZ_{0ISGW} \cdot \tan \beta l}{Z_{0ISGW} + jZ_L \cdot \tan \beta l} \tag{4.11}$$

式中，$\beta = 2\pi/\lambda$ 为 ISGW 的传播常数；l 是 ISGW 的传输线长度。

当微带脊和阻抗变换器的长度 l 都为 $\lambda/4$ 时,式(4.11)可以重写为

$$Z_{in} = \frac{Z_{0ISGW}^2}{Z_1^2/Z_L} \tag{4.12}$$

这时,天线的回波损耗 RL 可以由反射系数 Γ 计算,表达式为

$$RL = -20\lg \left| \frac{Z_{0ISGW}^2 Z_L - Z_1^2 Z_{0stripline}}{Z_{0ISGW}^2 Z_L + Z_1^2 Z_{0stripline}} \right| \tag{4.13}$$

(3)ISGW 阻抗的计算。

为了阻抗匹配,ISGW 的阻抗 Z_{0ISGW} 需要设计为 50 Ω。采用微带线阻抗 $Z_{0stripline}$ 来估计 ISGW 的阻抗,表示为

$$Z_{0ISGW} = 2Z_{0stripline} - \Delta \tag{4.14}$$

式中,Δ 的取值范围是 15~20 Ω。

微带线的宽度 W_1 和介质板 h_s 的关系满足

$$\frac{W_1}{h_s} = \begin{cases} x, & \sqrt{\varepsilon_r} Z_{stripline} \leqslant 120 \\ 0.85 - \sqrt{0.6 - x}, & \sqrt{\varepsilon_r} Z_{stripline} > 120 \end{cases} \tag{4.15a}$$

$$x = \frac{30\pi}{\sqrt{\varepsilon_r} Z_{stripline}} - 0.441 \tag{4.15b}$$

微带脊所在介质板的相对介电常数为 $\varepsilon_r = 2.2$。当 ISGW 的阻抗是 50 Ω 时,微带线的阻抗为 $Z_{stripline} = 32.5$ Ω(Δ 取值 15 Ω)。利用式(4.15)可以计算 ISGW 的微带脊宽度为 $W_1 = 1.35$ mm(经过仿真优化后,修正为 1.4 mm)。

(4)微带线的阻抗计算。

为连接 50 Ω 的射频接头,微带线的阻抗也设计为 50 Ω,参考 1992 年 Edwards 等人提出的估算微带线阻抗的公式[13],微带线的宽度为 W_0,厚度为 h_s,介质板的介电常数 ε_{r1} 为 2.2,$W_0/h_s = 2.7$,根据下式计算微带线阻抗:

$$Z_{0stripline} = \frac{119.9}{\sqrt{2(\varepsilon_{r1}+1)}} \ln\left[\frac{4h_s}{W_0} + \sqrt{16\left(\frac{h_s}{W_0}\right)^2 + 2} \right] \tag{4.16}$$

介质板的厚度 h_s 是 ISGW 设计时就确定的,$h_s = 0.508$ mm,令 $Z_{0stripline} = 50$ Ω,根据式(4.16)可以计算得到微带线的线宽 $W_0 = 1.5$ mm。

(5)$\lambda/4$ 阻抗转换器和天线阻抗估计。

$\lambda/4$ 阻抗转换器用于匹配微带脊阻抗和矩形馈电贴片阻抗,其阻抗计算遵从 ISGW 传输线特性阻抗理论。天线谐振时,矩形馈电贴片阻抗 Z_L 为一实数,即为天线的阻抗 R_L,这时反射系数 $\Gamma = 0$,回波损耗 RL $= -\infty$。根据式(4.12)可以确定 $\lambda/4$ 阻抗转换器的宽度 W_2。

天线阻抗 R_L 很难根据理论计算,因此借助全波仿真优化使 S_{11} 取极小值,即

天线谐振，优化后 $\lambda/4$ 阻抗转换器的宽度 W_2 为 0.6 mm。根据 ISGW 传输线特性阻抗理论反推出其阻抗 $Z_1=79$ Ω，再由公式 $Z_1=Z_{0\text{ISGW}}^2/Z_L$ 可以得到谐振时天线的阻抗 $Z_L=R_L=125$ Ω。

通过天线电路设计，ISGW 馈电缝隙天线的仿真结果如图 4.9 所示。天线的主谐振点为 28.7 GHz，与理论值 29 GHz 非常接近，阻抗带宽为 25～38.7 GHz，相对带宽为 43%。天线增益的频率特性也比较理想，平均增益高于 8 dB，35 GHz 频率处的增益最大，约为 10.3 dB。

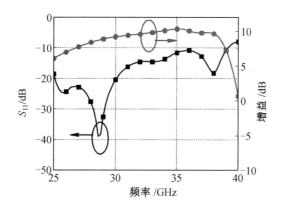

图 4.9　ISGW 馈电缝隙天线的 S_{11} 和最大辐射方向的增益特性

图 4.10 给出了 3 个频率(28.7 GHz、32 GHz 和 35 GHz)的 E 平面和 H 平面方向图。可以看出，与 4.2.1 节传统微带缝隙天线相比，ISGW 馈电缝隙天线的副瓣大大降低了，辐射主瓣和辐射副瓣的前后辐射比大于 15 dB。

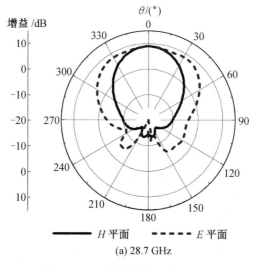

(a) 28.7 GHz

图 4.10　不同频率处的方向性

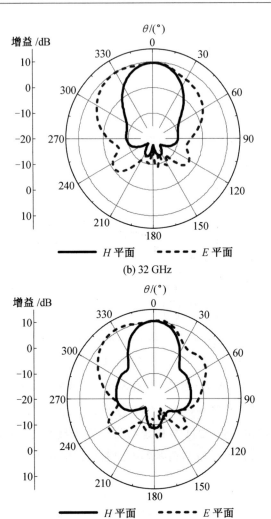

(b) 32 GHz

(c) 35 GHz

续图 4.10

为了验证对天线阻抗的估计,设计了不含 $\lambda/4$ 阻抗转换器的馈线结构,如图 4.11(a)所示,通过延伸微带脊的长度为 $\lambda/2$,使微带脊连接矩形馈电贴片。

去掉 $\lambda/4$ 阻抗转换器,微带脊和矩形馈电贴片之间的阻抗不再匹配,图 4.11(b)中给出了馈线的传输线模型,输入阻抗表示为

$$Z_{in} = Z_{0ISGW} \frac{R_L - jZ_{0ISGW}\tan\left(\dfrac{2\pi}{\lambda}\dfrac{\lambda}{4}\right)}{Z_{0ISGW} + jR_L\tan\left(\dfrac{2\pi}{\lambda}\dfrac{\lambda}{4}\right)} \tag{4.17}$$

化简上式为 $Z_{in} = R_L$,上面已知 $R_L = 125\ \Omega$,因此回波损耗 RL 可由下式估计:

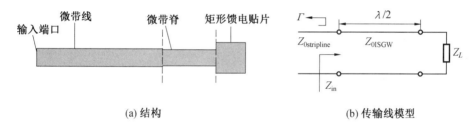

(a) 结构　　　　　　　　　　　(b) 传输线模型

图 4.11　不含 $\lambda/4$ 阻抗转换器的馈线结构

$$RL = -20\lg\left|\frac{Z_{in} - Z_{0ISGW}}{Z_{in} + Z_{0ISGW}}\right| \tag{4.18}$$

将 $Z_{in} = 125\ \Omega$、$Z_{0ISGW} = 50\ \Omega$ 代入上式,可计算得到 RL$= -7.33$ dB。

图 4.12 给出了馈线结构有无 $\lambda/4$ 阻抗转换器的天线的仿真结果。在两种情况下,增益特性几乎相同,但 S_{11} 不同,有阻抗变换器的天线带宽很宽,且谐振频率 31.6 GHz 处 S_{11} 为 -49.99 dB。即 RL$= -49.99$ dB,非常接近理想值 $-\infty$。无阻抗转换器的天线的 S_{11} 非常差,仅在 $33.6 \sim 35$ GHz 小于 -10 dB。在谐振频率 31.6 GHz 处 S_{11} 为 -6.77 dB,与式(4.18)计算的回波损耗值 -7.33 dB 接近,验证了本书的方法。

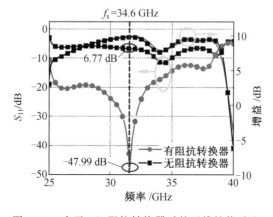

图 4.12　有无 $\lambda/4$ 阻抗转换器时的天线性能对比

比较传统微带馈电和 ISGW 馈电的缝隙天线的设计方法和天线性能,可得出两条重要的结论:

(1)ISGW 天线的设计是基于 ISGW 的传播特性进行的,包括传播波长、特性阻抗等。

(2)ISGW 馈电的缝隙天线的增益频率特性优于微带馈电。微带馈电的缝隙天线在 $26.2 \sim 37.6$ GHz 的天线增益高于 5 dB,而在这个频率范围的 ISGW 馈电缝隙天线的增益提高了 3 dB。从天线的辐射方向图(图 4.10)中可以看出,IS-GW 缝隙天线的主辐射只存在于天线辐射缝隙的上面,而微带缝隙天线的上下面辐射方向图对称。

分析原因,ISGW 底层介质板的 EBG 结构在缝隙天线工作时,起到了反射面的作用,使得天线的方向性集中在主瓣方向。利用相似的工作原理,其他文献中采用反射结构或频率选择性结构设计了反射天线,也可以提高天线增益,但反射结构距离辐射结构的尺寸需要详细计算,通常与辐射结构所在介质板有一定距离,需要专门支撑结构,加大了天线剖面。文献[14]提出了一种线极化的反射阵天线的单元结构,通过改变相位延迟线的长度,实现反射阵列天线。文献[15]将一种双层结构的圆环单元,放置在距离天线 5.5 mm 处,提高了天线的增益和带宽。

4.4   可调谐的 ISGW 馈电的缝隙天线

ISGW 天线的回波损耗特性在低频段较好,而增益在高频段较好。接下来将通过使 ISGW 谐振腔与缝隙天线级联,改变天线的谐振特性,以改善高频段的回波损耗特性。

对于三层介质板的 ISGW,去除几个 EBG 单元可形成一个 ISGW 谐振腔,结构如图 4.13 所示,周期性排列的两个 EBG 单元被去除,形成介质谐振腔,虚线区域表示移除 EBG 的谐振腔区域。

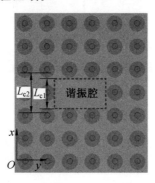

图 4.13   去除两个 EBG 的谐振腔($L_{c1} = 2.9$ mm,$L_{c2} = 3.86$ mm)

图 4.13 中谐振腔的谐振模式设计为 TE_{110} 模式(即 x、y 方向电场变化半个周期,z 方向不考虑),因此谐振频率 f_0 的计算公式如下:

$$f_0 = \frac{c}{2\pi \sqrt{\varepsilon_e}} \sqrt{\left(\frac{\pi}{L_x}\right)^2 + \left(\frac{\pi}{L_y}\right)^2} \tag{4.19}$$

式中,c 是光速;ε_e 是谐振腔所在三层介质板的有效相对介电常数,ISGW 的三层介质板相同,有效相对介电常数等于相对介电常数 2.2;L_x 是谐振腔在 x 轴方向上的等效长度;L_y 是谐振腔在 y 轴方向上的等效长度。

通过实验数据拟合,L_x、L_y 与 ISGW 的物理参数 L_{c1}、L_{c2} 等之间的关系表示为

$$L_x = L_{c1} + 0.95\left(d_p + \frac{d_v}{2}\right) \tag{4.20a}$$

$$L_y = L_{c2} + 0.95\left(d_p + \frac{d_v}{2}\right) \tag{4.20b}$$

式中,d_p 和 d_v 是 EBG 的参数。

将式(4.20)代入式(4.19),计算谐振腔的谐振频率为 29 GHz。全波仿真的谐振腔的频率特性如下图 4.14 所示,谐振频率为 29.2 GHz,与理论计算值 29 GHz 十分接近,谐振腔在 29.2 GHz 的电场图如图 4.14 的右上角所示,可以看出,谐振模式为 $\mathrm{TE_{110}}$ 模,且能量集中在腔内,很难通过外围的第一个 EBG 泄漏出去。

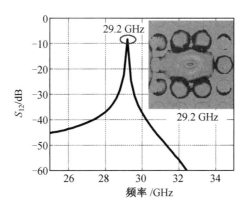

图 4.14　谐振腔的谐振特性

为了对 ISGW 天线进行调谐,矩形馈电贴片下方的 y 轴方向上两个 EBG 被去除,天线结构如图 4.15 所示,其谐振特性在 4.3 节已讨论。

在加载谐振腔的天线中,谐振腔与馈电贴片进行了腔耦合,改变了天线的谐振频率。图 4.16 为有谐振腔和无谐振腔情况下天线的 S_{11} 频率特性,可以看出,有谐振腔的谐振频率为 31.6 GHz,对无谐振腔的天线谐振点 28.7 GHz 进行调谐,频率向低频移动了 2.9 GHz。仿真结果的阻抗带宽为 24.9~38.1 GHz,相对带宽为 41.9%,在 24.9~38.1 GHz 范围内增益大于 9 dB,峰值增益为 10.3 dB。

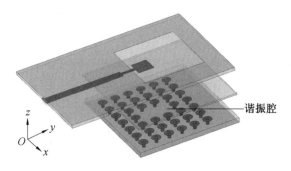

图 4.15 加载谐振腔的 ISGW 天线

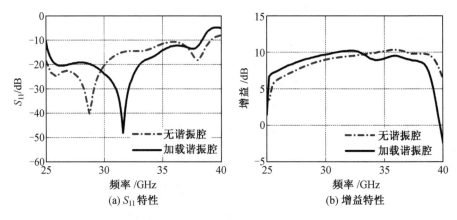

(a) S_{11} 特性　　　　　　　(b) 增益特性

图 4.16　有无谐振腔的 ISGW 天线性能对比

为了验证天线的高增益和宽带特性,对加载谐振腔的 ISGW 天线进行了加工和测试,其加工实物如图 4.17(a)所示,将天线的三层介质板向外延伸了 5 mm,通过打孔由塑料螺丝进行固定(孔直径为 2 mm),并由铝块将 2.92 mm 射频接头和微带线由不锈钢螺丝进行固定,确保天线的介质板 3 的金属地通过导体铝块与射频接头的外壳地连接。

(a) 加工实物　　　　　　　　(b) 测试环境和天线

图 4.17　加载谐振腔的 ISGW 天线的加工与测试

天线的 S 参数测量是通过矢量网络分析仪(型号为 Keysight N5234A)进行的,而方向性测试是在微波暗室中进行的,暗室环境和被测天线如图 4.17(b)所示,校准天线采用喇叭天线,频率范围为 $26.5\sim40$ GHz,因此本天线频段中的 $25\sim26.5$ GHz 未进行方向性测试。

测试的 S_{11} 和增益的结果如图 4.18 所示,将其与仿真的结果进行比较。测量的 S_{11} 的主谐振点位于 31.3 GHz,非常接近仿真的 31.6 GHz,但由于不适当的射频连接器连接,因此在 38.2 GHz 有一个额外的谐振点(测试所用的矢量网络分析仪在频率校准后,需要加上 2.4 mm 转 2.92 mm 的射频转接头,引起 $38\sim40$ GHz 的反射系数校准数据由 0 dB 急剧下降)。

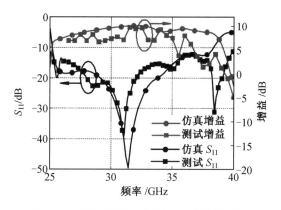

图 4.18　回波损耗与增益的仿真测试结果

增益结果表明,频率低于 35 GHz 时,增益的测试结果与仿真结果吻合较好,但频率高于 38 GHz 时测量增益性能较差。分析原因,图 4.19 给出了天线在 29 GHz 和 32 GHz 频率处的辐射方向图,实测辐射图与仿真吻合较好。

为了进一步说明 ISGW 缝隙天线的优势,将其与已有报道的 SIW 缝隙天线、间隙波导天线和同样采用 ISGW 的缝隙天线进行比较[16-23],比较结果见表 4.3。

SIW 缝隙天线是在 SIW 的上导体面开缝,简单设计的缝隙天线增益并不高,且带宽也很窄[16,17],但如果采用哑铃状缝隙激发起多个谐振模式工作,增益可以得到很大的提升,带宽也可以达到超宽带(相对阻抗带宽大于 20%)[20]。间隙波导天线的带宽比 SIW 的带宽宽,增益通过适当的设计,如文献[18]的增益比一般的普通 SIW 缝隙天线高,达到了 6.5～7.5 dB。同样基于 ISGW 技术的简单矩形缝隙天线[23],带宽达到了 35%,增益也达到了 7 dB,说明 ISGW 缝隙天线在带宽和增益方面都具有优势。比较本书的 ISGW 缝隙天线,不但带宽很宽,而且增益也较高。

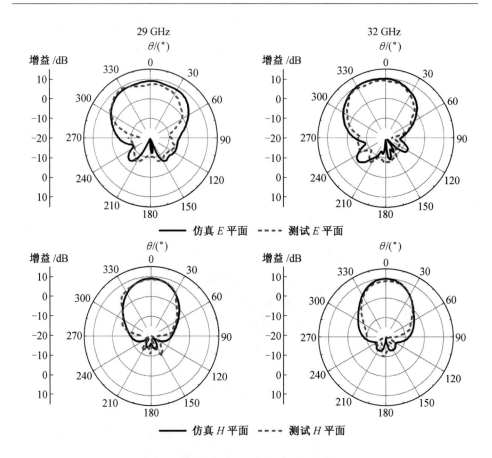

图 4.19　天线的辐射方向图

表 4.3　本书与其他文献的缝隙天线比较

参考文献	天线类型	相对阻抗带宽/%	增益/dB
[16]	SIW 缝隙天线	1.7	5.4
[17]	SIW 缝隙天线	5.6	7.4
[18]	间隙波导缝隙天线	20.5	6.5～7.5
[19]	间隙波导缝隙天线	13.8	＜ 4
[20]	SIW 哑铃缝隙天线	26.7	＜ 9.5
[21]	SIW 缝隙天线	19.3	6
[22]	ISGW 缝隙天线	35	7
[23]	ISGW 磁电偶极子天线	29	8.04
本书	ISGW 缝隙天线	41.9	＞8,峰值为 10

4.5　ISGW 带阻滤波天线

4.4 节研究了高增益、宽带宽的 ISGW 缝隙天线,本节将研究 ISGW 天线在滤波天线方面的潜能。滤波天线是滤波器和天线的综合设计,降低了天线和滤波器独立设计的连接损失,减小了电路尺寸,为未来通信系统提供了更好的系统集成方案。

滤波天线最早由法国学者 Nadan 于 1998 年提出,他将平面缝隙偶极子天线视为有耗集总元谐振器,直接集成到标准切比雪夫带通滤波器,首次讨论了天线/滤波器器件的综合和实现,该方法是在馈电结构中集成滤波器,有的文献也称之为在馈电结构中引入辐射零值。2015 年后,滤波天线开始受到各研究团队的广泛关注,包括华南理工大学的章秀银教授团队、重庆大学的唐明春教授团队、澳门大学的祝雷教授团队、华东电子工程研究所的汪伟教授、华南理工大学的陈付昌和褚庆昕教授团队、华南理工大学的薛泉和陈文荃教授团队,以及英国坎特伯雷肯特大学的 Gao 教授团队。

目前滤波天线的研究集中在以下两个方向:

(1)无额外电路的滤波天线综合设计方法。

先介绍两种无额外电路的滤波天线综合设计方法:第一种方法,简单地将滤波器与天线级联,通过优化匹配网络实现滤波天线[24],这种方法的电路尺寸几乎与传统电路一样,都比较大;第二种方法,将天线作为滤波器电路的最后一级谐振器,实现滤波天线,该方法比第一种方法好一些,但电路尺寸仍然较大,或为多层耦合结构[25-27]。这两种方法都增加了额外的电路。

为了不增加额外的电路,研究者还提出了另外两种方法:第一种方法是辐射器上加载谐振器,如辐射贴片上蚀刻槽[28-30]、加载短路针[31]或采用缺陷地结构(DGS)[29],这种方法避免了滤波器电路的插入损耗,但是影响了辐射增益,使得天线的辐射增益通常比传统天线低。第二种方法是馈线上加载馈线结构,如 F 型耦合探针[32]、H 型馈线[33],这种馈线加载时在垂直贴片方向,工作在微波波段,如果涉及毫米波的馈线加载,将面临尺寸小、误差大的挑战。

(2)多路径耦合研究滤波天线的传输零点。

多路径耦合的常用方法有两种:第一种方法,利用垂直放置的馈线进行多路径耦合,如垂直多探针耦合[32]、双微带线垂直缝隙耦合[34],该方法在垂直方向结构不稳定;第二种方法,利用多层介质板实现多个开槽或短接线的耦合,如双槽双谐振器耦合[35]、多层开路/短路短接线耦合[36]，该方法结构稳定，但增加了剖面尺寸，而且，天线增益和单层介质板天线相同。多层介质板如何实现既多路径耦合，又加入天线反射板部分，使得天线增益提升，是该课题考虑的问题。

通过梳理文献发现，有关单个辐射器的滤波天线增益特性研究还较少，大部分单辐射器的滤波天线的增益在 4～7 dB，研究者主要通过提高天线的辐射器个数来增加总增益。文献[29]采用带有辐射零点的超表面天线（MSA）来设计滤波天线，其平均增益达到 8 dBi，但该天线辐射部分包含了 4 个超表面单元。文献[37,38]提出了差分馈电双极化滤波贴片天线，增益峰值达到 8.9 dBi，为两个天线的总增益。文献[39]采用表面等离子体的滤波天线，提高了带宽，其增益也因采用双面平行带状线和双辐射器而达到了 9.38 dBi。而相关高增益的滤波单天线的研究还很少。

目前滤波天线的频段基本集中在微波波段，而毫米波作为 5G 的商用频段已被划分，急需滤波天线的研究。因此，本书鉴于 ISGW 天线的高增益特性，基于 ISGW 研究毫米波低剖面、高增益的带阻滤波天线。带阻滤波是对天线工作频段中某些频段进行干扰，多应用在超宽带（UWB）天线中，本节将在毫米波频段研究 ISGW 缝隙天线的带阻滤波特性。

当天线具有带阻滤波特性时，天线的增益特性如图 4.20 所示，滤波的级数和各级谐振频率之间的距离将影响阻带的平坦程度。

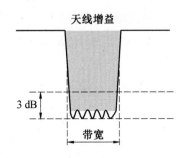

图 4.20　带阻滤波天线的增益特性

ISGW 天线覆盖的 5G 频段如图 4.21 所示。ISGW 缝隙天线几乎覆盖整个 Ka 频段，但为了使天线支持多个系统的 5G 频段（以阴影覆盖的频段），如我国的毫米波频段（24.75～27.5 GHz），NR 系统的 n257（26.5～29.5 GHz）、n258（27.5～28.5 GHz）、n260（37～40 GHz）频段，实现多频带工作，本节设计了 ISGW 带阻滤波天线，使 ISGW 天线在不需要的商用频段形成带阻滤波特性。

本节采用互补开口谐振环实现带阻滤波。通过在天线辐射贴片上引入谐振

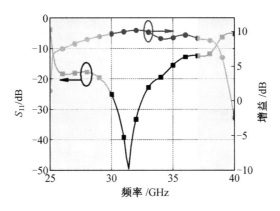

图 4.21　ISGW 天线覆盖的 5G 频段

器,形成辐射零点,使原天线的工作频段内出现带阻滤波特性,实现了无额外电路的带阻滤波电路。

　　由于 ISGW 天线的辐射贴片尺寸小,仅为 2.6 mm×2.6 mm,因此首先采用等效电路方法研究有限尺寸导体上的 CSRR 的工作原理和频率特性;其次基于 5G 商业频段的需求设计了带阻滤波频段,在天线辐射器上引入一个 CSRR 实现一阶带阻滤波特性;最后为了加宽阻带滤波的频段范围,在天线辐射器上引入两个谐振频率不同的 CSRR,实现天线的二阶带阻滤波特性。

　　CSRR 是通过蚀刻在介质板的导体面上实现带阻滤波。在毫米波电路中由于导体的尺寸很小,CSRR 与导体边缘产生了一定的耦合,出现了不同于大尺寸的理想导体面情况的频率特性。

　　CSRR 采用了 U 形形状。如图 4.22(a),当在无限大的导体上有一个 CSRR 时,忽略导体损耗的情况下,CSRR 可以等效为一个电容C_c和电感L_c的谐振电路,谐振频率为

$$f_n = \frac{1}{2\pi\sqrt{L_c C_c}} \tag{4.21}$$

式中,电容C_c和电感L_c与 CSRR 的物理参数L_u、W_u、w_u,以及介质板的介电常数有关。

　　而 CSRR 的有效长度可以根据传输线理论进行计算。根据传输线理论,$\lambda/2$长度开路传输线可以等效为带阻谐振器,因此谐振频率f_n与传输线的有效长度L_e的关系为

$$L_e = \frac{\lambda}{2} = \frac{c}{2f_n\sqrt{\varepsilon_e}} \tag{4.22}$$

式中,ε_e为所在传输介质的有效相对介电常数。

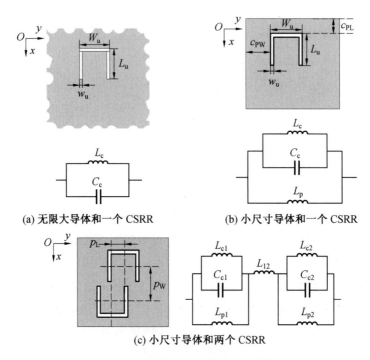

(a) 无限大导体和一个 CSRR   (b) 小尺寸导体和一个 CSRR

(c) 小尺寸导体和两个 CSRR

图 4.22　不同的 CSRR 结构及其等效电路

当$L_u=1.11$ mm、$W_u=1.11$ mm、$w_w=0.1$ mm、$\varepsilon_e=2.2$ 时,由式(4.22)计算得到$f_n=30$ GHz。

图 4.22(b)是小尺寸导体面上的 CSRR。由于 CSRR 与导体边缘很近,耦合效应必须考虑,等效电路中除了电容C_c和电感L_c,还考虑了耦合电感L_p。谐振频率f_{n1}可以表示为

$$f_{n1}=\frac{1}{2\pi\sqrt{(L_c/\!/L_p)C_c}}\tag{4.23}$$

电感L_p和 CSRR 与 PEC 的边缘距离有关,本书定义了c_{PW}和c_{PL}分别为 CSRR的中心与 PEC 边缘横向和纵向距离,为了观察这两个参数对耦合电感L_p及谐振频率f_{n1}的影响,采用全波仿真得到了谐振频率随这两个参数的变化曲线,如图 4.23 所示。谐振频率随c_{PW}和c_{PL}的减小而减小,即边耦合电感L_p变大。

综合图 4.23 的结果、式(4.22)和式(4.23),可以计算不同c_{PW}和c_{PL}时的L_p,如$L_u=1.11$ mm、$W_u=1.11$ mm、$w_w=0.1$ mm、$c_{PW}=0.3$ mm、$c_{PL}=0.2$ mm 时,$f_n=30$ GHz,$f_{n1}=32.57$ GHz,计算得到$L_p=0.147\,5$ pH。

一个 CSRR 产生一个谐振频率,而如果要产生级联滤波性能,可以在导体上蚀刻两个不同谐振频率的 CSRR 进行级联达到参差谐振,扩展滤波频段。图

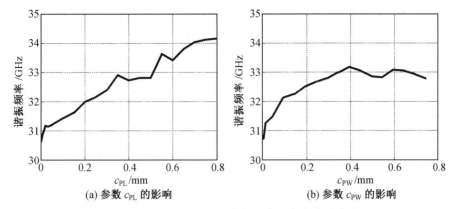

(a) 参数 c_{PL} 的影响　　　　　　　　(b) 参数 c_{PW} 的影响

图 4.23　CSRR 的谐振频率与边缘距离参数的关系

4.22(c)给出了这种情况下的结构和等效电路图,除了两个 CSRR 的边缘耦合效应 L_{p1} 和 L_{p2},还考虑两个 CSRR 之间的互耦效应 L_{12}。互耦效应 L_{12} 取决于两个 CSRR 之间的间距,表示为 p_W 和 p_L。两个 CSRR 产生的谐振频率可以表示为

$$f_{n1} = \frac{1}{2\pi\sqrt{(L_{c1} /\!/ L_{p1} + L_{12})C_{c1}}} \tag{4.24a}$$

$$f_{n2} = \frac{1}{2\pi\sqrt{(L_{c2} /\!/ L_{p2} + L_{12})C_{c2}}} \tag{4.24b}$$

互耦效应 L_{12} 很难估计,本书的解决方案是取适当的 p_W 和 p_L 来避免互耦效应。

分析 CSRR 的谐振特性后,将其应用于 SGW 天线的带阻滤波天线设计。在加载谐振腔的 ISGW 天线的馈电矩形贴片上蚀刻一个 CSRR,实现一阶带阻滤波天线,天线结构如图 4.24 所示。

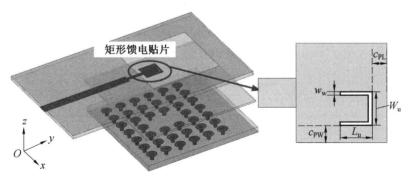

图 4.24　一阶带阻滤波特性的 ISGW 天线结构

拟在 34.6 GHz 频率处设计一个阻带点,可以由半波长阻带谐振特性计算 CSRR 的有效长度,有

$$Ls_e = \frac{1}{2}\lambda = \frac{1}{2}\frac{c}{f_n\sqrt{\varepsilon_e}} \tag{4.25}$$

通过第 3 章有效相对介电常数的相关知识,本节设计的 ISGW 天线在阻带谐振频率 34.6 GHz 处 $\varepsilon_e = 2.043$。考虑边缘耦合 $L_p = 0.147\ 5\ \text{pH}$,综合式 (4.21)～(4.23)计算有效长度 $Ls_e = 3.1\ \text{mm}$。因此,设置物理参数 $L_u = 1\ \text{mm}$、$W_u = 1.1\ \text{mm}$、$w_w = 0.1\ \text{mm}$、$c_{PW} = 0.3\ \text{mm}$、$c_{PL} = 0.2\ \text{mm}$。

图 4.25 给出了一阶带阻滤波天线仿真结果。从图 4.25(a)中可以看到增益在 34.6 GHz 处出现明显的阻带谐振,而 S_{11} 在 34～37 GHz 范围内高于 $-10\ \text{dB}$,但在 34.6 GHz 处没有出现明显的接近 0 dB(S_{11} 接近 0 dB 通常作为陷波天线的谐振特性)。天线贴片上在 34.6 GHz 处的电流如图 4.25(b)所示,U 形 CSRR 内外边缘的电流方向相反,出现辐射零点,导致阻带谐振。

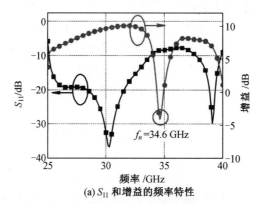

(a) S_{11} 和增益的频率特性

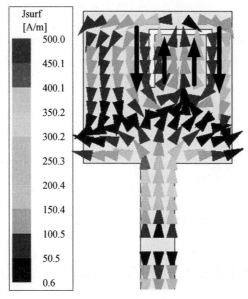

(b) 天线贴片在 34.6 GHz 的电流

图 4.25　一阶带阻滤波天线仿真结果

　　图 4.26 为一阶带阻滤波天线在通带内的 31 GHz 处、阻带的 34.6 GHz 处的辐射方向图。在 31 GHz 处，E 场和 H 场的最大值几乎在轴向（xz 平面，$\theta =$ 0°），旁瓣较低；在 34.6 GHz 处，E 场和 H 场不集中，E 场沿轴向发生分裂。

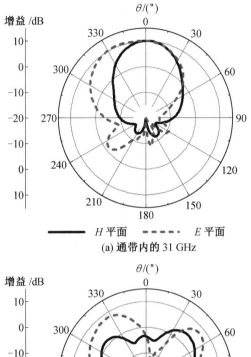

(a) 通带内的 31 GHz

(b) 阻带的 34.6 GHz

图 4.26　一阶带阻滤波天线的辐射方向图

　　为了讨论谐振器 CSRR 的有效长度 Ls_e 对阻带谐振频率的影响，图 4.27 给出了有效长度变化时一阶 ISGW 带阻滤波天线的频率特性的仿真结果，包括 S_{11} 频率特性和增益频率特性。当参数 W_u 增大时，CSRR 的有效长度将变大，谐振频率应减小。从图 4.27 的结果可以看出，参数 W_u 从初始值 1.1 mm 增大至 1.5 mm 时，阻带谐振频率向低频移动，且阻带谐振点处的 S_{11} 也接近 0 dB，谐振频率分别为 34.6 GHz、33.1 GHz、32.3 GHz、31.3 GHz 和 30 GHz。增益频率特性的阻带谐振点频率与 S_{11} 中的结果相同。

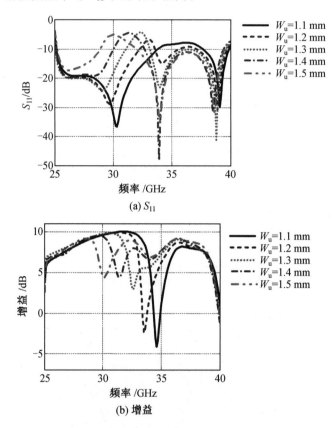

(a) S_{11}

(b) 增益

图 4.27　一阶 ISGW 带阻滤波天线的频率特性随参数 W_u 的变化

为了获得更宽的滤波天线的阻带,本节设计了二阶带阻滤波特性的 ISGW 天线。阻带谐振器仍采用 CSRR,设计方法和一阶 ISGW 带阻滤波天线相同,在馈电贴片引入了两个有效长度不同的 U 形 CSRR——谐振器 CSRR 1 和谐振器 CSRR 2。

二阶带阻滤波特性的 ISGW 天线结构如图 4.28 所示。CSRR 1 的边缘耦合参数为 $c_{PL1}=0.3$ mm 和 $c_{PW1}=0.75$ mm,CSRR 2 的边缘耦合参数为 $c_{PL2}=0.14$ mm 和 $c_{PW2}=0.02$ mm,CSRR 1 和 CSRR 2 的中心在 x 轴和 y 轴方向上的距离分别为 $p_L=0.75$ mm 和 $p_W=1.1$ mm。CSRR 1 和 CSRR 2 的长度物理参数没有标注,两个长臂和短臂的长度相同,为有效长度的 1/3。

为了设计两种不同的陷波谐振频率,CSRR 1 和 CSRR 2 的长度可以通过下式估计:

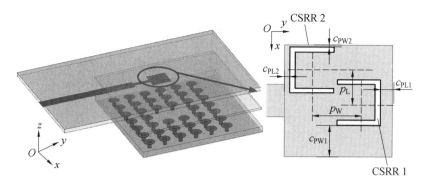

图 4.28　二阶 ISGW 带阻滤波天线的结构

$$Ls_{e1} = \frac{1}{2}\lambda_1 = \frac{1}{2}\frac{c}{f_{n1}\sqrt{\varepsilon_e}} \qquad (4.26a)$$

$$Ls_{e2} = \frac{1}{2}\lambda_2 = \frac{1}{2}\frac{c}{f_{n2}\sqrt{\varepsilon_e}} \qquad (4.26b)$$

本节拟引入了两个不同的阻带陷波频率 $f_{n1} = 32.5$ GHz 和 $f_{n2} = 34$ GHz，通过设计优化，CSRR 1 和 CSRR 2 的有效长度分别为 $Ls_{e1} = 3.33$ mm 和 $Ls_{e2} = 3.24$ mm。

图 4.29(a) 和 4.29(b) 分别是 ISGW 宽带天线（无 BSF 的）、本节所提一阶 BSF 天线和二阶 BSF 天线的 S_{11} 和增益仿真结果。

从图 4.29(b) 可以看出，二阶 BSF 天线中引入了 $f_{n1} = 32.5$ GHz 和 $f_{n2} = 34$ GHz 两个陷波频率。天线增益下降 5 dB 的阻带为 2.1 GHz，比一阶 BSF 天线的 1.5 GHz 宽。因此，S_{11} 小于 -10 dB 且增益大于 7.5 dB 的 26～34 GHz 和 37.5～38.5 GHz 两个频段可以应用到 5G 毫米波的 n257（26.5～29.5 GHz）、

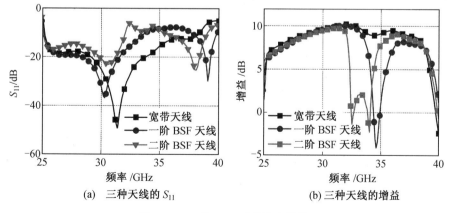

(a)　三种天线的 S_{11}

(b)　三种天线的增益

图 4.29　二阶 BSF 天线仿真结果

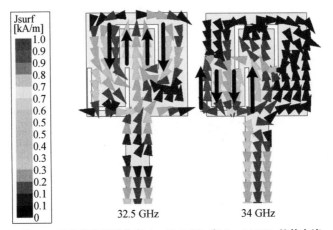

(c) 二阶 BSF 天线的矩形贴片在 f_{n1}=32.5 GHz 和 f_{n2}=34 GHz 处的电流

续图 4.29

n258(27.5～28.5 GHz)和 n260(37～40 GHz)频段。

　　从图 4.29(c)可以看出,两个陷波频率 f_{n1}＝32.5 GHz 和 f_{n2}＝34 GHz 处天线矩形贴片的能量分别集中在 CSRR 1 和 CSRR 2 上,且在 CSRR 上内外的电流方向相反,实现了辐射零点。

　　图 4.30 为二阶带阻滤波天线在不同频率处的辐射方向图。图 4.30(a)中通带内 31 GHz 处,电场和磁场的最大场分布都在轴向方向(xz 平面,θ=0°)。图 4.30(b)和图 4.30(c)中,两个陷波频率分别为 f_{n1}＝32.5 GHz 和 f_{n2}＝34 GHz 时,θ=0°处的增益只有 0 dB,形成了天线的阻带。此外,对于 CSRR 1 和 CSRR 2 的不同位置,在 f_{n1}＝32.5 GHz 和 f_{n2}＝34 GHz 处,电场和磁场的最大值分布在不同的 θ 上。频率为 32.5 GHz 时,在 E 平面 θ＝25°,H 平面 θ＝－25°处出现快速增益下降;在 34 GHz 时,E 平面和 H 平面都在 θ＝25°处出现快速增益下降。

　　对于二阶带阻滤波天线,两个不同的 CSRR 谐振器级联可以产生较宽的阻带。谐振器 CSRR 1 和 CSRR 2 的有效长度决定了两个陷波频率 f_{n1} 和 f_{n2},且两个陷波频率不能相隔太远,否则会形成两个独立的阻带。

　　图 4.31 为 CSRR 1 和 CSRR 2 在两种有效长度情况下天线的 S_{11} 和增益仿真结果比较。第一种情况是 Ls_{e1}＝3.60 mm、Ls_{e2}＝3.15 mm,图形中用黑色实线加圆形实心符号绘制,两个陷波频率分别为 f_{n1}＝30 GHz、f_{n2}＝34.2 GHz,由于距离太远没有形成一个宽的阻带。第二种情况 Ls_{e1}＝3.33 mm 和 Ls_{e2}＝3.24 mm,图形中用灰色实线加方形实心符号绘制,两个陷波频率分别为 f_{n1}＝32.5 GHz、f_{n2}＝34 GHz,形成了一个宽阻带。

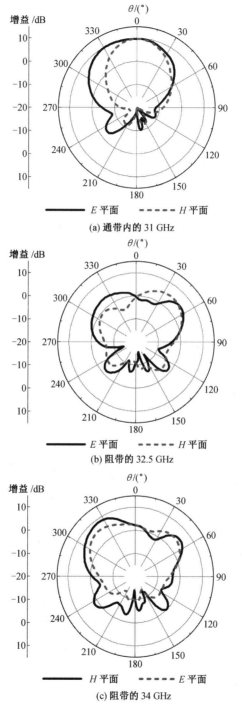

图 4.30　二阶带阻滤波天线在不同频率处的辐射方向图

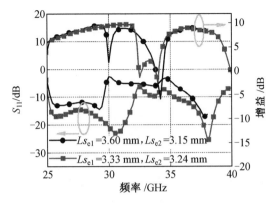

图 4.31　CSRR 1 和 CSRR 2 的有效长度取不同值时的仿真结果

为了验证一阶和二阶 ISGW 带阻滤波天线,本书加工制作了两个 ISGW 带阻滤波天线的模型,如图 4.32 所示。天线的三层介质板用塑料螺丝和螺母固定,在馈线末端连接一个 50 Ω 的 2.92 mm 同轴连接器,用不锈钢螺丝、螺母和铝块将同轴连接器固定到天线上。

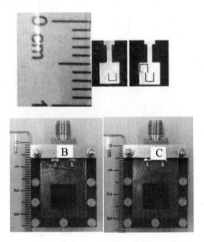

图 4.32　一阶 ISGW 带阻滤波天线(标记 B)和二
阶 ISGW 带阻滤波天线(标记 C)的加工实物

一阶 ISGW 带阻滤波天线的测试结果如图 4.33 和图 4.34 所示。图 4.33 中,28～40 GHz 范围内天线的实测 S_{11} 和增益与仿真结果较吻合,但实测增益比仿真结果降低了约 1 dB。图 4.34 给出了辐射方向图的测试与仿真结果,通带 32 GHz 处电场和磁场的方向图在 $\theta=0°$ 的主瓣处非常集中,尤其是磁场 H 平面,主瓣和后瓣的前后比大于 20 dB,实现了能量的集中辐射。阻带谐振点 34.6 GHz 处,测试和仿真的电场 E 平面沿 $\theta=0°$ 方向迅速下降。

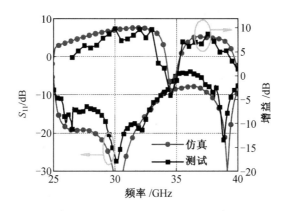

图 4.33　一阶 ISGW 带阻滤波天线的 S_{11} 与增益的频率特性

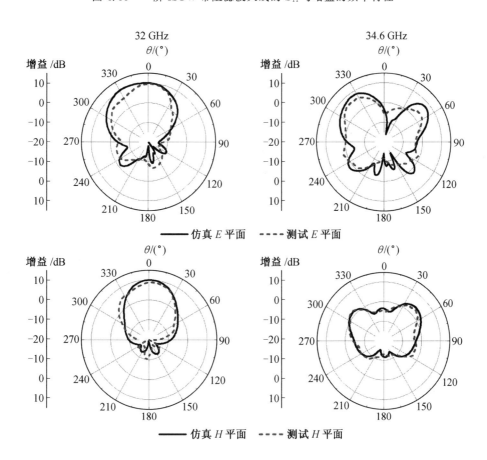

图 4.34　一阶 ISGW 带阻滤波天线的辐射方向图

　　图 4.35 和图 4.36 给出了二阶 ISGW 带阻滤波天线的测试结果,并与仿真结果进行比较。图 4.35 给出了 S_{11} 和增益结果,可以看出测试结果中增益的频率特性的两个阻带谐振点明显,谐振频率为 32.5 GHz 和 34 GHz 时与仿真相吻合。但是,增益的测试结果阻带向高频扩展了大约 1 GHz。

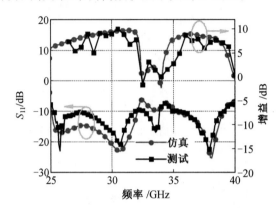

图 4.35　二阶 ISGW 带阻滤波天线的 S_{11} 与增益的频率特性

　　图 4.36 给出了通带 31 GHz、阻带 32.5 GHz 和 34 GHz 的测试和仿真辐射方向图,在形状上十分吻合,数值上略有差距。例如,在 31 GHz 频率处 $\theta=-10°\sim90°$ 范围内电场方向图的测试值比仿真值降低约 1.5 dB,而在 34 GHz 处 $\theta=290°\sim340°$ 范围内电场方向图的测试值比仿真值降低了约 1 dB,误差产生的原因是天线尺寸较小,在暗室测试时用胶带包裹起来固定,使天线辐射性能受到影响。

　　对于两个带阻滤波天线,测量的反射系数 S_{11} 在 26 GHz 处存在较大偏差。由于天线的接头采用 2.92 mm 的射频连接器,而网络分析仪连接的是 2.4 mm 的接头。因此为了连接天线,使用了一个 2.4 mm 转 2.92 mm 的转接器,该转接器连接到矢量网络分析仪时就出现了 26 GHz 谐振点。

　　本书将一阶和二阶带阻滤波天线与已有报道的具有带阻滤波功能的贴片天线、偶极子天线、电磁偶极子天线等进行比较分析[40-46],比较结果见表 4.4。

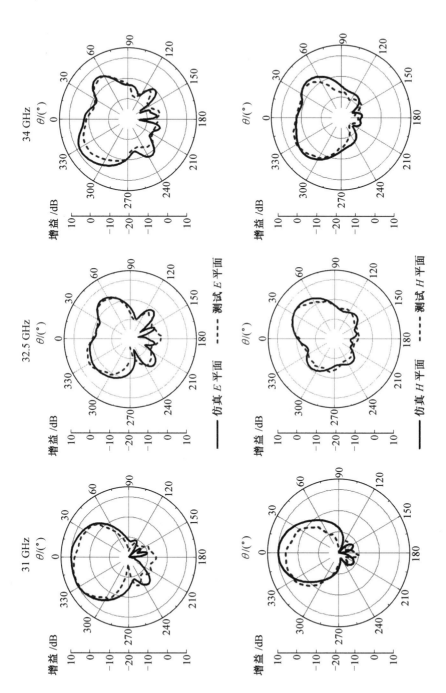

图 4.36　二阶 ISGW 带阻滤波天线的辐射方向图

表 4.4　带阻滤波天线比较

参考 文献	带阻 类型	通带 /GHz	阻带 /GHz	通带最大 增益/dB	阻带最小 增益/dB	阻带 5 dB 下降带宽
[40]	双带阻	2.93～20	5.09～5.8/ 6.3～7.27	7	−10	～0.25
[41]	双带阻	1.6～3.6	2.25～2.47/ 3.32～3.64	7.5	−1	～0.2
[42]	单带阻	1.75～3.5	2.9～3.1	8.5	3.5	～0
[43]	双带阻	3.4～11	4.3～4.8/ 5.6～6.2	3.5	−2	～0
[44]	双带阻	2.9～11.6	5.3～5.8/ 7.85～8.55	6	−6	＜0.2
[45]	单带阻	3.2～11	5.19～5.7	4.5	−18	～0.55
[46]	三带阻	2.3～13.75	3.25～3.75 / 5.08～5.90/ 7.06～7.95	1.40～4.60	−2 ～ −4.5	～0.2,～0.34, 0.22
本书	一阶带阻	25～40	34～35.3	10	−4	1.3
本书	二阶带阻	25～38.5	32.4～34.5	10	0	2.1

贴片天线的带阻滤波的常见设计方法是在天线贴片上刻蚀槽或缝,例如矩形槽[40]、U 形槽[41]、齿形槽[42]、分形槽[43]、L 形槽[44] 和不规则槽[45,46]。文献[43]中采用 EBG 来实现带阻滤波,文献[44]还在馈电线的旁边设计开口谐振环来实现带阻滤波。

偶极子天线的带阻滤波设计方法是在馈线上进行带阻滤波。文献[42]在宽带巴伦中设计了齿形槽线来对一对交叉打印偶极子天线馈电,形成了 2.9～3.1 GHz 的陷波阻带,提高了超宽带的通带部分的阻抗匹配性能,但阻带增益明显下降。文献[41]在磁电偶极子天线中,利用两个 U 形缝隙和一个矩形缝隙形成了滤波的阻带。文献[45]通过刻蚀复杂的分形槽引入了具有两个谐振频率的单带阻滤波器,在增益降低 5 dB 时阻带带宽约为 0.55 GHz。同样蚀刻两个 L 形槽,文献[40]产生了两个陡峭的阻带。

由表 4.4 可以看出,本书提出的一阶和二阶 ISGW 带阻滤波天线具有较宽的阻带带宽,阻带下降 5 dB 的带宽为 1.3 GHz 和 2.1 GHz,而且在通带增益很高,平均增益高于 8 dB。

4.6　本章小结

ISGW 在毫米波波段具有低损耗、易集成等特点,本章详细介绍了毫米波 ISGW 天线的工作原理和设计过程,并将工作扩展到滤波天线方面,得到了以下结论:

(1)ISGW 馈电的缝隙天线的设计包括 ISGW 设计、缝隙辐射单元设计、辐射单元和 ISGW 的阻抗匹配三部分。ISGW 的工作频段必须与缝隙辐射单元的工作频段相同,ISGW 的电磁能量才能传输到辐射单元,进而辐射到空间中。

(2)ISGW 馈电的缝隙天线的增益频率特性明显优于微带馈电的缝隙天线,从本章的工作中可以看出,微带缝隙天线在频率范围 26.2 ~ 37.6 GHz 内的天线增益约为 5 dB,而在这个频率范围的 ISGW 馈电的缝隙天线的增益至少提高了 3 dB。分析原因,ISGW 底层介质板的 EBG 结构在缝隙天线工作时,起到了反射面的作用,使得天线的方向性集中在主瓣方向。

(3)以 ISGW 缝隙天线为基础,本章介绍了两个宽阻带的带阻滤波天线,通过在天线辐射器上引入谐振器,形成辐射零点,使原天线的工作频段内出现带阻滤波特性,实现了无额外电路的带阻滤波电路,适应 5G 通信系统商业频段的需求。

本章参考文献

[1] KIM H,YOON Y J. Microstrip-fed slot antennas with suppressed harmonics[J]. IEEE Transactions on Antennas and Propagation,2005,53(9): 2809-2817.

[2] JANG Y W. Broadband cross-shaped microstrip-fed slot antenna[J]. Electronics Letters,2000,36(25):2056-2057.

[3] CHEN R H,LIN Y C. Miniaturized design of microstrip-fed slot antennas loaded with C-shaped rings[J]. IEEE Antennas and Wireless Propagation Letters,2011,10:203-206.

[4] LUI W J,CHENG C H,ZHU H B. Experimental investigation on novel

tapered microstrip slot antenna for ultra-wideband applications[J]. IET Microwaves Antennas & Propagation，2007，1(2)：480-487.

[5] CHENG T，JIANG W，GONG S X，et al. Broadband SIW cavity-backed modified dumbbell-shaped slot antenna[J]. IEEE Antennas and Wireless Propagation Letters，2019，18(5)：936-940.

[6] JIANG W，HUANG K M，LIU C J. Ka-band dual-frequency single-slot antenna based on substrate integrated waveguide[J]. IEEE Antennas and Wireless Propagation Letters，2018，17(2)：221-224.

[7] KIM D，LEE J W，CHO C S，et al. X-band circular ring-slot antenna embedded in single-layered SIW for circular polarisation[J]. Electronics letters，2009，45(13)：668-669.

[8] KIRINO H，OGAWA K. A 76 GHz multi-layered phased array antenna using a non-metal contact metamaterial waveguide[J]. IEEE Transactions on Antennas and Propagation，2012，60(2)：840-853.

[9] ZAMAN A U，KILDAL P S. Wide-band slot antenna arrays with single-layer corporate-feed network in ridge gap waveguide technology[J]. IEEE Transactions on Antennas and Propagation，2014，62(6)：2992-3001.

[10] ALI RAZAVI S，KILDAL P S，XIANG L L，et al. 2×2-slot element for 60-GHz planar array antenna realized on two doubled-sided PCBs using SIW cavity and EBG-type soft surface fed by microstrip-ridge gap waveguide[J]. IEEE Transactions on Antennas and Propagation，2014，62(9)：4564-4573.

[11] DADGARPOUR A，SHARIFI SORKHERIZI M，KISHK A A. Wide-band low-loss magnetoelectric dipole antenna for 5G wireless network with gain enhancement using meta lens and gap waveguide technology feeding[J]. IEEE Transactions on Antennas and Propagation，2016，64(12)：5094-5101.

[12] KRAUS J D，MARHEFKA R J. 天线[M]. 章文勋，译. 3版. 北京：电子工业出版社，2011.

[13] 清华大学《微带电路》编写组. 微带电路[M]. 北京：清华大学出版社，2017.

[14] HAN C H，ZHANG Y H，YANG Q S. A novel single-layer unit struc-

ture for broadband reflectarray antenna[J]. IEEE Antennas and Wireless Propagation Letters, 2016, 16: 681-684.

[15] FARIAS R L, PEIXEIRO C, HECKLER M V T, et al. Axial ratio enhancement of a single-layer microstrip reflectarray[J]. IEEE Antennas and Wireless Propagation Letters, 2019, 18(12): 2622-2626.

[16] LUO G Q, HU Z F, DONG L X, et al. Planar slot antenna backed by substrate integrated waveguide cavity[J]. IEEE Antennas and Wireless Propagation Letters, 2008, 7: 236-239.

[17] SRIVASTAVA G, MOHAN A. A differential dual-polarized SIW cavity-backed slot antenna[J]. IEEE Transactions on Antennas and Propagation, 2019, 67(5): 3450-3454.

[18] KON R, YONG W Y, ALAYÓN GLAZUNOV A. Wideband H-slot antenna fed by substrate integrated gap waveguide for mmWave arrays[C]// 2020 International Symposium on Antennas and Propagation (ISAP). Osaka, Japan. IEEE, 2021: 577-578.

[19] FAN F F, YAN Z H. High gain circularly polarized slot antenna based on microstrip-ridge gap waveguide technology[C]//2017 11th European Conference on Antennas and Propagation (EUCAP). Paris, France. IEEE, 2017: 1669-1672.

[20] HONG J S, LANCASTER M J. Aperture-coupled microstrip open-loop resonators and their applications to the design of novel microstrip band-pass filters[J]. IEEE Transactions on Microwave Theory and Techniques, 1999, 47(9): 1848-1855.

[21] YANG F, YU H X. Two novel substrate integrated waveguide filters in LTCC technology[C]//2010 International Conference on Microwave and Millimeter Wave Technology. Chengdu, China. IEEE, 2010: 229-232.

[22] ZHANG J, ZHANG X P, KISHK A A. Broadband 60 GHz antennas fed by substrate integrated gap waveguides[J]. IEEE Transactions on Antennas and Propagation, 2018, 66(7): 3261-3270.

[23] SHEN D Y, MA C J, REN W P, et al. A low-profile substrate-integrated-gap-waveguide-fed magnetoelectric dipole[J]. IEEE Antennas and Wireless Propagation Letters, 2018, 17(8): 1373-1376.

[24] ZUO J H, CHEN X W, HAN G R, et al. An integrated approach to RF antenna-filter co-design[J]. IEEE Antennas and Wireless Propagation Letters, 2009, 8: 141-144.

[25] HU K Z, TANG M C, LI M, et al. Compact, low-profile, bandwidth-enhanced substrate integrated waveguide filtenna[J]. IEEE Antennas and Wireless Propagation Letters, 2018, 17(8): 1552-1556.

[26] ZHANG B H, XUE Q. Filtering antenna with high selectivity using multiple coupling paths from source/load to resonators[J]. IEEE Transactions on Antennas and Propagation, 2018, 66(8): 4320-4325.

[27] MAO C X, GAO S, WANG Y, et al. Integrated dual-band filtering/duplexing antennas[J]. IEEE Access, 2018, 6: 8403-8411.

[28] YANG W C, ZHANG Y Q, CHE W Q, et al. A simple, compact filtering patch antenna based on mode analysis with wide out-of-band suppression[J]. IEEE Transactions on Antennas and Propagation, 2019, 67(10): 6244-6253.

[29] YANG W C, CHEN S, XUE Q, et al. Novel filtering method based on metasurface antenna and its application for wideband high-gain filtering antenna with low profile[J]. IEEE Transactions on Antennas and Propagation, 2019, 67(3): 1535-1544.

[30] YANG W C, ZHANG Y Q, CHE W Q, et al. A simple, compact filtering patch antenna based on mode analysis with wide out-of-band suppression[J]. IEEE Transactions on Antennas and Propagation, 2019, 67(10): 6244-6253.

[31] MOHAMADZADE B, SIMORANGKIR R B V B, HASHMI R M, et al. A conformal band-notched ultrawideband antenna with monopole-like radiation characteristics[J]. IEEE Antennas and Wireless Propagation Letters, 2020, 19(1): 203-207.

[32] HU P F, PAN Y M, ZHANG X Y, et al. A filtering patch antenna with reconfigurable frequency and bandwidth using F-shaped probe[J]. IEEE Transactions on Antennas and Propagation, 2019, 67(1): 121-130.

[33] DUAN W, ZHANG X Y, PAN Y M, et al. Dual-polarized filtering antenna with high selectivity and low cross polarization[J]. IEEE Transac-

tions on Antennas and Propagation，2016，64(10)：4188-4196.

[34] HU P F，PAN Y M，ZHANG X Y，et al. A compact quasi-isotropic die-lectric resonator antenna with filtering response[J]. IEEE Transactions on Antennas and Propagation，2019，67(2)：1294-1299.

[35] ZHANG Y，ZHANG X Y，LIU Q H. A dual-layer filtering siw slot an-tenna utilizing double slot coupling scheme[J]. IEEE Antennas and Wire-less Propagation Letters，2021,20(6):1073-1077.

[36] TANG M C，CHEN Y，ZIOLKOWSKI R W. Experimentally validated，planar，wideband，electrically small，monopole filtennas based on capaci-tively loaded loop resonators[J]. IEEE Transactions on Antennas and Propagation，2016，64(8)：3353-3360.

[37] YANG W C，XUN M Z，CHE W Q，et al. Novel compact high-gain dif-ferential-fed dual-polarized filtering patch antenna[J]. IEEE Transactions on Antennas and Propagation，2019，67(12)：7261-7271.

[38] XUN M Z，YANG W C，FENG W J，et al. A differentially fed dual-po-larized filtering patch antenna with good stopband suppression[J]. IEEE Transactions on Circuits and Systems II：Express Briefs，2021，68(4)：1228-1232.

[39] FENG W J，FENG Y H，YANG W C，et al. High-performance filtering antenna using spoof surface plasmon polaritons[J]. IEEE Transactions on Plasma Science，2019，47(6)：2832-2837.

[40] CHANDEL R，GAUTAM A K，RAMBABU K. Tapered fed compact UWB MIMO-diversity antenna with dual band-notched characteristics[J]. IEEE Transactions on Antennas and Propagation，2018，66(4)：1677-1684.

[41] FENG B T，CHUNG K L，LAI J X，et al. A conformal magneto-electric dipole antenna with wide H-plane and band-Notch radiation characteristics for sub-6-GHz 5G base-station[J]. IEEE Access，2019，7：17469-17479.

[42] FU S D，CAO Z X，QUAN X，et al. A broadband dual-polarized notched-band antenna for 2/3/4/5G base station[J]. IEEE Antennas and Wireless Propagation Letters，2020，19(1)：69-73.

[43] BHAVARTHE P P，RATHOD S S，REDDY K T V. A compact dual

band gap electromagnetic band gap structure[J]. IEEE Transactions on Antennas and Propagation, 2019, 67(1): 596-600.

[44] LI Z Y, YIN C Y, ZHU X S. Compact UWB MIMO Vivaldi antenna with dual band-notched characteristics [J]. IEEE Access, 2019, 7: 38696-38701.

[45] DU Y J, WU X P, SIDÉN J, et al. Design of sharp roll-off band notch with fragment-type pattern etched on UWB antenna[J]. IEEE Antennas and Wireless Propagation Letters, 2018, 17(12): 2404-2408.

[46] TANG Z J, WU X F, ZHAN J, et al. Compact UWB-MIMO antenna with high isolation and triple band-notched characteristics[J]. IEEE Access, 2019, 7: 19856-19865.

第5章　集成基片间隙波导带通滤波器

随着无线通信技术的不断发展,无线电频谱资源变得弥足珍贵,不同频段的交叉应用更加必要和普遍,因此对通信系统中分隔频率的要求也相应提高。在通信系统中,不同种类的带通滤波器可以很好地解决不同频段、不同形式的干扰问题,起到滤除谐波和信道选择的关键作用。微波带通滤波器除了应用在通信系统中,在一些常见的微波仪器中也有广泛的应用,如网络分析仪、频谱仪、信号发生器等仪器,滤波器在其中发挥着不可替代的作用。

在微波低频频段范围内,微波滤波器因具有结构简单紧凑、加工简单、易集成、成本低等诸多优点而被广泛应用在微波电路系统中,通过设计不同的谐振器、增加谐振器的耦合路径,提高了滤波器的滤波特性。常见的微带带通滤波器包括半波长耦合结构滤波器、交指型滤波器、微带发夹型滤波器、谐振环滤波器等。微带半波长耦合带通滤波器通过半波长微带线的耦合形成带通滤波器,所采用的微带线宽度有均匀分布谐振器[1]、阶梯阻抗谐振器(SIR)[2]。微带发夹型滤波器是半波长耦合结构的变形,利用弯折减小了尺寸,变形结构如 E 型结构[3],可以更好地实现广义切比雪夫型带通特性。交指型带通滤波器结构更加紧凑,可靠性高[4]。

为了满足现代通信系统高速率的要求,毫米波技术是一种解决方案,也是未来的发展趋势。毫米波具有带宽极宽、传输速率快、受气候影响小等特点,在通信系统中的应用也越加广泛,毫米波微波器件受到大量研究者的关注并广泛应用在通信系统中。传统的微带线结构工作在 Ku 波段及其以上频率范围时,存在辐射损耗、品质因数低、出现表面波现象和易受到外部电路干扰等问题,容易引起较大的传输损耗,插入损耗约为 2 dB,影响微波器件的传输性能。基片集成波导带通滤波器在很大程度上改善了微带带通滤波器所遇到的问题。利用金属化过孔的磁耦合[5]、蚀刻缝隙的电耦合[6]和电磁混合耦合[7,8]的方式,基片集成波导带通滤波器获得了较好的滤波特性,得到了广泛应用,但是,电磁耦合方式还是会导致波导中传输的电磁能量通过金属化过孔或者蚀刻缝隙向自由空间辐射。

集成基片间隙波导(ISGW)技术作为一种新型传输波导,抑制高频微带结构中的辐射损耗,具有结构稳定、自封装、易集成等优点,因此 ISGW 技术在毫米波滤波器的设计中将更有优势。

本章基于 ISGW 技术进行了两种滤波器的设计:第一种是基于 ISGW 腔体滤波器,利用移除部分蘑菇型电磁带隙结构形成准谐振腔,微带脊作为谐振器的输入和输出结构;第二种是基于 ISGW 的微带脊滤波器,蘑菇型电磁带隙结构的作用是形成封装结构,利用微带脊设计不同的谐振器类型。

5.1　相关理论

滤波器是通信系统中进行信号传输和频率选择的一种关键微波器件,让需要的频率范围内的电磁波信号能无衰减或少衰减地传输,在其他频率范围内抑制甚至阻断电磁波信号的传输。

微波滤波器主要的分析方法包括两种[9-11],一是采用电磁场理论的方法,应用麦克斯韦方程组,结合系统边界条件,求解出元器件的场分布,求出系统的传输特性,从而分析得出其工作特性,此方法特点是计算结果精确,但是求解过程复杂计算量大,无法对复杂的元器件进行求解。

二是采用微波网络的分析方法,把微波系统用微波网络来等效分析,然后利用网络理论来进行求解,分别求解出系统各个输入输出端口之间信号的相互关系,使用求解出的网络参量特性描述该系统网络的特性,进而等效分析该微波系统的特性,此方法特点是:近似求解,不能求解出器件的内部的场分布,但是方法简单,可借鉴经典理论分析,便于测量,应用广泛。在实际微波系统的应用设计中,通常关心微波元器件的外部传输参量,因此通常采用网络分析的方法进行分析设计。

根据微波滤波器结构特点,可以将其看成一个标准二端口网络进行分析,常用的参数分析方法是散射参数方法,又称 S 参数方法。散射参数的物理意义是当输出端口负载阻抗和传输线特性阻抗不匹配时,微波网络出现的传输功率损失和信号通过二端口网络时系统的损耗。散射参数定义表达式如下:

$$\begin{bmatrix} b_1 \\ b_2 \end{bmatrix} = \begin{bmatrix} S_{11} & S_{12} \\ S_{21} & S_{22} \end{bmatrix} \begin{bmatrix} a_1 \\ a_2 \end{bmatrix} \tag{5.1}$$

式中,a_1 表示输入端口的入射波;a_2 表示输出端口的入射波;b_1 表示输入端口的反射波;b_2 表示输出端口的反射波;S_{11}、S_{12}、S_{21}、S_{22} 表示散射参量。S_{11} 参数表示输出端口 2 阻抗匹配时,输入端口 1 上的反射波与入射波的比值,即输入端口 1 上的反射系数,该参数表示二端口网络的输入匹配程度。S_{22}参数表示输入端口 1 匹配时,输出端口 2 上的反射波与入射波的比值,即输出端口 2 上的反射系数,该参数表示二端口网络的输出匹配程度。S_{12}参数表示输入端口 1 匹配时,输入端口 1 上的反射波与输出端口 2 上的入射波的比值,即输出端口 2 到输入端口 1 的反向传输系数,该参数表示二端口网络的隔离程度。S_{21}参数表示输出端口 2 匹配时,输出端口 2 上的反射波与输入端口 1 上的入射波的比值,即输入端口 1 到输出端口 2 的正向传输系数,该参数表示二端口网络的增益或插损。

对于线性二端口网络来说,S 参数具有以下性质:在互易网络中,S_{12}参数和 S_{21}参数相等;在对称网络中,S_{11}参数和 S_{22}参数相等。以上性质对于分析理想滤波器结构具有很大的帮助,通常在分析滤波器时,把滤波器当作一个具有互易性质和对称性质的二端口网络进行分析。

通常根据衰减的工作特性将滤波器划分为以下四类理想滤波器:低通滤波器(Low Pass Filter,LPF)、高通滤波器(High Pass Filter,HPF)、带通滤波器(BPF)、带阻滤波器(BSF)。图 5.1 表示四类滤波器的衰减特性及其滤波电路结构。

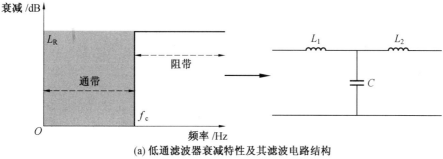

(a) 低通滤波器衰减特性及其滤波电路结构

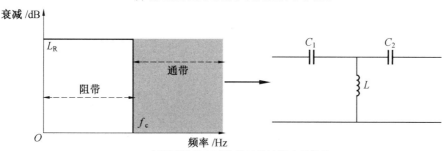

(b) 高通滤波器衰减特性及其滤波电路结构

图 5.1　四类滤波器的衰减特性及其滤波电路结构

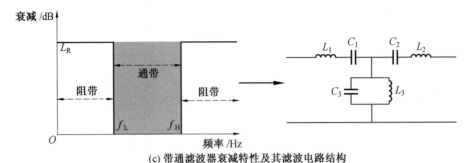

(c) 带通滤波器衰减特性及其滤波电路结构

(d) 带阻滤波器衰减特性及其滤波电路结构

续图 5.1

本章研究带通滤波器，下面结合图 5.2 介绍微波带通滤波器的详细指标参数及其工作原理。

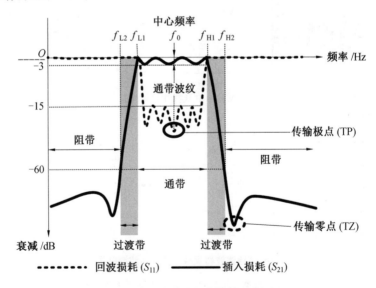

图 5.2　带通滤波器性能特性示意图

(1)通带。

通带指微波信号通过滤波器后衰减满足一定要求的频率范围。与之对应的概念是阻带和过渡带。阻带指微波信号通过滤波器后衰减很大的频率范围;过渡带指通带和阻带之间的频率范围。

(2)3 dB 通带带宽(band width,BW)。

3 dB 通带带宽指微波信号通过滤波器后衰减达到 3 dB 时对应的上下截止频率之间的范围。通带带宽常分为绝对带宽(absolute band width,ABW)和相对带宽(fractional band width,FBW),相对带宽表示绝对带宽和中心频率之间的比值,相对带宽的定义表达式如下:

$$\text{FBW} = \frac{f_{H1} - F_{L1}}{f_0} \tag{5.2}$$

(3)矩形系数(K)。

用来表征微波信号在过渡带衰减快慢的参数称为矩形系数,定义为 -60 dB 或 -40 dB 对应的频率范围和 -3 dB 对应的频率范围的比值。理想滤波器的矩形系数值为 1,即滤波器没有过渡带,通带内的微波信号全部通过,通带外的微波信号全部抑制,因此实际滤波器性能中矩形系数值越接近 1 表示选择性能越好,但设计加工难度越大,在设计滤波器时需要对此参数折中考虑。矩形系数表达式定义如下:

$$K = \frac{f_{H1} - f_{H2}}{f_{L1} - f_{L2}} \tag{5.3}$$

(4)带外衰减和传输零点(TZ)。

带外衰减是滤波器品质因数的特征,在相同频段范围内带外衰减越大,滤波器的品质因数越高。传输零点是滤波器带外抑制的重要表征,是滤波器的传输函数取值为 0 时 S_{12}(dB)趋近于负无穷的特性。

图 5.2 中,插入损耗曲线图上过渡带之间有明显的陷波点,传输零点越多,表示滤波器的阻带抑制越好;与之对应的参数是传输极点(transmission pole,TP),表示滤波器中回波损耗曲线图上的陷波点。

(5)回波损耗(return loss,RL)。

微波信号通过滤波器后的反射功率和输入功率的比值,单位为 dB,该参数是用来表征滤波器匹配好坏,即反射性能的一个参数,在二端口网络中也用 S_{11} 参数表示回波损耗,通常要求通带内 S_{11} 值小于 -10 dB,该值越小表示匹配得越好。

$$\text{RL} = -20\lg|S_{11}| = -20\lg|\varGamma| \text{(dB)} \tag{5.4}$$

式中,反射系数 Γ 定义为

$$\Gamma = \frac{Z_L - Z_0}{Z_L + Z_0} \tag{5.5}$$

(6)插入损耗(insertion loss,IL)。

插入损耗表示微波信号通过滤波器后的输入功率和输出功率的比值,单位为 dB,该参数是用来表征滤波器器件本身对微波信号衰减程度的一个参数,在二端口网络中也用 S_{21} 参数表示插入损耗。理想滤波器对通带内的微波信号无衰减,但在实际应用中的滤波器会对通带内的传输信号有衰减,因此通常要求插入损耗越小越好。

$$IL = -20 \lg |S_{21}| = -20 \lg |T| \, (dB) \tag{5.6}$$

式中,传输系数 T 定义为

$$T = 1 + \Gamma = \frac{2Z_L}{Z_L + Z_0} \tag{5.7}$$

(7)品质因数 Q 值。

品质因数指滤波器工作在谐振条件下时,滤波器中的平均储能和一个周期内平均耗能的比值,品质因数越高,滤波器带宽越窄,频率选择性越好。

微波滤波器的总品质因数 Q_Σ 可以表示为

$$Q_\Sigma = \frac{f_0}{BW_{3\,dB}} \tag{5.8}$$

$$\frac{1}{Q_\Sigma} = \frac{1}{Q_0} + \frac{1}{Q_e} \tag{5.9}$$

式中,Q_0 是无载品质因数,也称为本征品质因数,由介质材料决定;Q_e 是外部品质因数,由微波滤波器的馈电结构决定。

(8)通带波纹。

通带波纹指信号在通带内的起伏程度,即滤波器响应的最大值和最小值之间的差值,单位为 dB,通带波纹幅度越小越好。

综合设计滤波器的方法称为滤波器综合,根据滤波器的网络传输函数,或综合对应的电气网络结构的方法,并通过某种微波结构,如微带谐振器或波导谐振腔,产生各种拓扑结构的耦合矩阵(coupling matrix, CM),以实现具有特定功能的滤波器。

滤波器的网络传输函数 $H(s)$ 是复频域变量 $s = \sigma + j\omega$ 的有理函数[11]:

$$H(s) = \frac{P(s)}{Q(s)} = k \frac{\prod_{i=1}^{n}(s - r_i)}{\prod_{j=1}^{n}(s - p_j)} \tag{5.10}$$

式中,k 是系数;r_i 是 $H(s)$ 的零点;p_j 是 $H(s)$ 的极点。

由于传输函数分子分母多项式系数都为实数,因此 $H(s)$ 的零极点是关于实轴对称的。在频域(ω 域)$H(s)$ 记作 $H(\omega)$。

常用描述滤波器的传输函数是等波纹的切比雪夫滤波传输函数,其思路是用切比雪夫多项式 $T_n(x)$ 来描述插入损耗的函数特征。传输函数 $H(\omega)$ 表示为

$$|H(\omega)|^2 = k^2 T_n^2\left(\frac{\omega}{\omega_c}\right) \tag{5.11}$$

切比雪夫多项式 $T_n(x)$ 是 n 的多项式,$T_n(x)=\cos(n \cdot \arccos x)$,且满足递归关系 $T_{n+1}(x)=2x T_n(x)-T_{n-1}(x)$。

采用切比雪夫滤波传输函数作为标准设计滤波器时,参考切比雪夫的低通原型元件值可得到滤波器的耦合矩阵和外部品质因数。工程上一种常用的可实现耦合矩阵是"$N+2$ 折叠规范矩阵",其中 N 指滤波器的谐振器阶数。以三阶谐振器滤波器为例,图 5.3(a)和图 5.3(b)给出了三阶滤波器的 $N+2$ 耦合矩阵(2 指馈电 S 和输出 L)和耦合拓扑。耦合矩阵左下方的黑点代表关于主对角线对称的耦合。交叉耦合如果对指定的滤波器特性没有贡献,会自动消去为零。

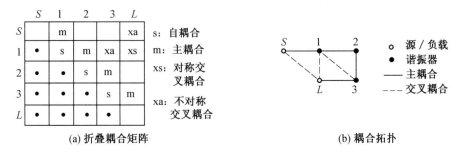

(a) 折叠耦合矩阵　　　　　　　　　　　(b) 耦合拓扑

图 5.3　三阶滤波器的耦合理论

以切比雪夫滤波传输函数为设计基准,三阶微波带通滤波器的设计步骤如下:

(1)根据通信系统电路需求,制定三阶微波带通滤波器的指标:中心频率 f_0、相对带宽 FBW、带内波纹系数和带内回波损耗等。

(2)根据指标,由切比雪夫滤波器低通原型的元件值 g_0,g_1,g_2,g_3,g_4,得到耦合矩阵的耦合系数和外部品质因数 Q_c 为

$$m_{j,j+1}=\frac{\text{FBW}}{\sqrt{g_j g_{j+1}}}, \quad j=1,2,3 \tag{5.12}$$

$$Q_c=\frac{g_n \cdot g_{n+1}}{\text{FBW}} \tag{5.13}$$

$$m_{12} = \sqrt{\frac{1}{Q_c \cdot \text{FBW}}} \tag{5.14a}$$

$$m_{45} = \sqrt{\frac{1}{Q_c \cdot \text{FBW}}} \tag{5.14b}$$

式(5.12)中下标 j 代表了耦合系数在耦合矩阵中的行数和列数。

(3)由耦合矩阵设计微波滤波器的耦合结构,工程上可采用电磁仿真软件 ANSYS 仿真得到两个谐振器之间的耦合系数,仿真得到两个谐振器级联的中心频率 f_0、带宽 BW 和两个相邻的谐振点频率 f_j、f_{j+1},耦合系数提取的表达式为

$$m_{j,j+1} = \frac{f_0}{\text{BW}} \frac{f_{j+1}^2 - f_j^2}{f_{j+1}^2 + f_j^2} \tag{5.15}$$

(4)由滤波器的结构确定无载品质因数 Q_0,计算总品质因数 Q_Σ。

5.2   ISGW 腔体滤波器

本节研究 ISGW 腔体滤波器。对 ISGW 谐振腔进行研究,先设计了 ISGW 谐振腔的结构,提出等效矩形波导谐振腔来计算本征模式,通过设计 ISGW 谐振腔的激励仿真得到了 ISGW 谐振腔的谐振频率特性,最后通过实验数据拟合,推导了谐振腔的谐振频率计算表达式,为 ISGW 谐振腔的设计提供了依据。

(1)ISGW 谐振腔结构。

ISGW 谐振腔由两层介质板构成,结构如图 5.4 所示。

谐振腔的上层介质板上表面和下层介质板下表面均覆铜,形成谐振腔的两个导体面,下层介质板四周设有多排 EBG 结构,从而形成了一个封闭的矩形腔体。因此,ISGW 谐振腔也称为准矩形波导腔。同时,ISGW 谐振腔也可看成是在前述两层结构的 ISGW 中移除 M 行 N 列的 EBG 形成的一个谐振腔。该

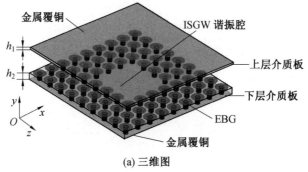

(a) 三维图

图 5.4   ISGW 谐振腔结构

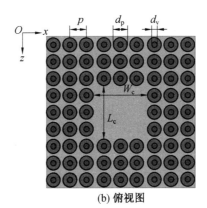

(b) 俯视图

续图 5.4

ISGW谐振腔可采用微带脊或同轴馈电产生 TE 模式电磁波谐振。本书重点研究微带脊馈电的谐振腔结构和性能。

ISGW 谐振腔上层介质板的相对介电常数为ε_{r1}、厚度为 h_1,下层介质板的相对介电常数是ε_{r2}、厚度为 h_2;谐振腔的长和宽为L_c和W_c;EBG 的周期、金属贴片直径和金属过孔直径分别为 p、d_p 和d_v。

(2)ISGW 等效矩形波导谐振腔。

ISGW 谐振腔的谐振特性研究包括谐振频率、电场分布和品质因数。本书先将两层介质板构成的 ISGW 谐振腔等效为填充相对介电常数为 ε_c 的矩形波导谐振腔,然后采用 ANSYS 软件的本征模式求解器进行求解。

ISGW 谐振腔的等效矩形波导谐振腔结构如图 5.5 所示。等效谐振腔的长、宽和高分别为 L_e、W_e 和 h_e,相对磁导率 μ_e 为 1,相对介电常数为 ε_e。ε_e 也是 ISGW谐振腔的有效相对介电常数。

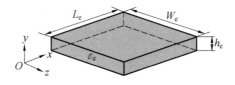

图 5.5　ISGW 等效谐振腔

图 5.5 给出了填充介质的矩形波导谐振腔的结构,x 方向、y 方向和 z 方向的尺寸分别是为 L、h 和 W,对应谐振时驻波个数为 m、n 和 I。谐振腔中 TE 波在传播方向上的电场分量 E_z 为零,传播方向的磁场分量 H_z 视为传输线上沿正反两个方向传输的前向行波和后向行波所合成的驻波,将波导的沿$+z$ 和$-z$ 方向的 TE_{mn} 波的磁场分量叠加,可表示为

$$H_z = H_0^+ \cos\left(\frac{m\pi}{L}\right)\cos\left(\frac{n\pi}{h}\right)\mathrm{e}^{-\mathrm{i}\vartheta_z} + H_0^- \cos\left(\frac{m\pi}{L}\right)\cos\left(\frac{n\pi}{h}\right)\mathrm{e}^{\mathrm{i}\vartheta_z} \tag{5.16}$$

式中，β 是传播常数，在 z 方向满足边界条件

$$\begin{cases} H_z = 0, & z = 0 \\ H_z = 0, & z = W \end{cases} \tag{5.17}$$

将式(5.17)代入式(5.16)，可得式(5.16)中 H_z 的系数关系为

$$H_0^+ = -H_0^- \tag{5.18a}$$

$$\beta = \frac{l\pi}{W}, \quad l = 1, 2, \cdots \tag{5.18b}$$

式(5.18b)表明了谐振腔在 z 方向的尺寸 W 必须是半波长的整数倍。将式(5.18)代入式(5.16)中，可得

$$H_z = -\mathrm{j}2H_0^+ \cos\left(\frac{m\pi}{L}x\right)\cos\left(\frac{n\pi}{h}y\right)\sin\left(\frac{l\pi}{W}z\right) \tag{5.19}$$

谐振腔的 TE_{mnl} 模的谐振频率为

$$f_{mnl} = \frac{c}{2\pi\sqrt{\varepsilon_r\mu_r}}\sqrt{\left(\frac{m\pi}{L}\right)^2 + \left(\frac{n\pi}{h}\right)^2 + \left(\frac{l\pi}{W}\right)^2} \tag{5.20}$$

式中，ε_r 是填充介质的相对介电常数；μ_r 是填充介质的磁导率（本书采用的介质板满足 $\mu_r = 1$）。

若 $h < L < W$，则谐振腔中的谐振模式通常是 TE_{mnl} 模。

对于 ISGW 谐振腔，可以推出其等效相对介电常数 ε_c 为

$$\varepsilon_c = \frac{(h_1 + h_2)\varepsilon_r\varepsilon_{r3}}{h_1\varepsilon_{r2} + h_2\varepsilon_{r1}} \tag{5.21}$$

式中，ε_{r1}、h_1 和 ε_{r2}、h_2 分别为 ISGW 谐振腔的上层介质板的相对介电常数、厚度和下层介质板的相对介电常数、厚度。

对于 ISGW 等效谐振腔，可有多个谐振模式。其中 TE_{102} 和 TE_{201} 是两电场正交的简并模，其理论谐振频率 f_{102} 和 f_{201} 为

$$f_{102} = \frac{c}{2\pi\sqrt{\varepsilon_c}}\sqrt{\left(\frac{\pi}{L_c}\right)^2 + \left(\frac{2\pi}{W_c}\right)^2} \tag{5.22a}$$

$$f_{201} = \frac{c}{2\pi\sqrt{\varepsilon_c}}\sqrt{\left(\frac{\pi}{I_c}\right)^2 + \left(\frac{2\pi}{W_c}\right)^2} \tag{5.22b}$$

如果 ISGW 等效谐振腔的长度 L_c 和宽度 W_c 相等，则 f_{102} 和 f_{201} 相同，否则 f_{102} 和 f_{201} 不相等。

（3）ISGW 谐振腔激励研究。

ISGW 谐振腔激励有微带脊馈电和同轴线馈电两种方式，本节考虑微带脊馈电。馈电微带脊和输出微带脊可以互相平行也可互相垂直，不同的位置关系将激励不同的模式。

图 5.6 分别给出了馈电微带脊和输出微带脊在横向方向（z 轴方向）和纵向方向（x 轴方向）的两种馈电输出结构。图 5.6(a) 和图 5.6(b) 的两个谐振腔的介质板、物理参数及尺寸都与图 3.3 相同，物理参数不再标注。两层介质板采用 Rogers RO4003，$\varepsilon_{r1}=\varepsilon_{r2}=3.48$，谐振腔尺寸 $L_c=5.7$ mm、$W_c=5.7$ mm、$h_1=0.508$ mm、$h_2=0.813$ mm。ISGW 谐振腔周围的 EBG 尺寸分别为 $p=1.8$ mm、$d_v=0.6$ mm 和 $d_p=1.5$ mm，微带脊的宽度为 $w_2=1.3$ mm。根据第 3 章的 EBG 理论，计算 EBG 的禁带为 21.6～35 GHz，因此谐振腔内仅谐振频率在禁带范围内的电场模式才能通过 ISGW 微带脊传输出来。

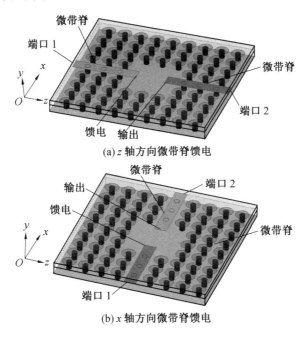

(a) z 轴方向微带脊馈电

(b) x 轴方向微带脊馈电

图 5.6　微带脊馈电的 ISGW 谐振腔

合理选择馈电位置可以激发不同模式的电磁波。图 5.7(a) 给出图 5.6(a) 在横向方向（z 轴方向）馈电输出结构下的谐振腔的 S 参数和谐振频率处电场分布。可以看出谐振频率为 26 GHz，电场模式为 TE_{201}。图 5.7(b) 仿真给出图 5.6(b) 在纵向方向（x 轴方向）馈电输出结构下的谐振腔的 S 参数和谐振频率处电场分布。可以看出，谐振频率也为 26 GHz，电场模式为 TE_{102}。

可见,当谐振腔大小相等,馈电和输出微带脊平行且位于一条直线上时,两种激励方式可以分别激励相同频率的一对简并模式。

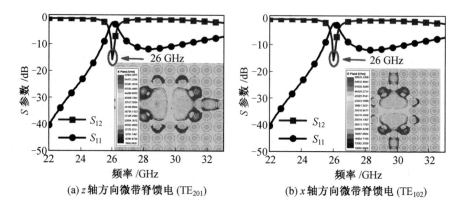

(a) z 轴方向微带脊馈电 (TE$_{201}$)　　　　(b) x 轴方向微带脊馈电 (TE$_{102}$)

图 5.7　微带脊馈电 ISGW 谐振腔的 S 参数和电场

(4)ISGW 谐振腔的谐振频率。

本书对实验数据进行拟合,得到 ISGW 谐振腔的谐振频率计算表达式。IS-GW 谐振腔的谐振频率 f_{102} 和 f_{201} 的理论求解应采用矩形波导等效谐振腔的本征模式求解公式(5.22)。因此,将采用实验方法求解矩形波导谐振腔的等效尺寸 L_e 和 W_e 与 ISGW 谐振腔的物理参数 ε_{r1}、ε_{r2}、h_1、h_2、L_c、W_c、p、d_p 和 d_v 的关系。

为了简化数据拟合的过程,仅研究 ISGW 谐振腔的两层介质板为相同介质基板的情况,因此等效矩形波导谐振腔的高度等于 ISGW 谐振腔的总高度,即 $h_e = h_1 + h_2$。谐振腔的大小由 L_c、W_c、d_p 和 d_v 决定,EBG 的周期 p 不影响谐振腔的大小,因此实验时 p 不变化,$p = 1.8$ mm。表 5.1 给出了相同频率下 TE$_{102}$ 单模工作的 ISGW 谐振腔参数和矩形波导谐振腔参数。对表 5.1 进行数据拟合,得到等效矩形谐振腔参数与 ISGW 谐振腔的物理参数的关系为

$$L_c = L_c + 0.95 \sqrt{\frac{\varepsilon_{r2}}{\varepsilon_{r1}}} \left(d_p + \frac{d_v}{2} \right) \tag{5.23a}$$

$$W_c = W_c + 0.95 \sqrt{\frac{\varepsilon_{r2}}{\varepsilon_{r1}}} \left(d_p + \frac{d_v}{2} \right) \tag{5.23b}$$

表 5.1　相同频率下的 ISGW 谐振腔参数和矩形波导谐振腔参数

$\varepsilon_{r1} = \varepsilon_{r2}$	h_1 /mm	h_2 /mm	$L_c = W_c$ /mm	d_p /mm	d_v /mm	h_p /mm	$L_c = W_c$ /mm	f_{102} /GHz
3.38	0.508	0.813	5.5	1.7	0.6	1.321	7.226	25.49
3.38	0.508	0.813	5.6	1.6	0.6	1.321	7.143	25.76

续表5.1

$\varepsilon_{r1}=\varepsilon_{r2}$	h_1 /mm	h_2 /mm	$L_c=W_c$ /mm	d_p /mm	d_v /mm	h_p /mm	$L_c=W_c$ /mm	f_{102} /GHz
3.38	0.508	0.813	5.7	1.5	0.6	1.321	7.046	26.04
3.38	0.508	0.813	5.8	1.4	0.6	1.321	6.963	26.37
3.38	0.508	0.813	5.9	1.3	0.6	1.321	6.933	26.50
3.38	0.508	0.813	6.0	1.2	0.6	1.321	6.846	26.83
3.38	0.508	0.813	5.7	1.5	0.3	1.321	7.623	24.2
3.38	0.508	0.813	5.7	1.5	0.4	1.321	7.44	24.8
3.38	0.508	0.813	5.7	1.5	0.5	1.321	7.25	25.41
3.38	0.508	0.813	5.7	1.5	0.7	1.321	7.048	26.03
3.38	0.508	0.813	5.7	1.5	0.8	1.321	6.936	26.48
3.38	0.508	0.813	5.7	1.5	0.9	1.321	6.78	27.04
3.38	0.20	0.813	5.7	1.5	0.6	1.013	7.074	26.15
3.38	0.25	0.813	5.7	1.5	0.6	1.063	6.99	26.14
3.38	0.30	0.813	5.7	1.5	0.6	1.113	6.98	26.13
3.38	0.35	0.813	5.7	1.5	0.6	1.163	7.03	26.12
3.38	0.40	0.813	5.7	1.5	0.6	1.213	7.015	26.08
3.38	0.45	0.813	5.7	1.5	0.6	1.263	7.09	26.04
3.38	0.50	0.813	5.7	1.5	0.6	1.313	7.057	25.99
3.38	0.55	0.813	5.7	1.5	0.6	1.363	7.12	25.97
3.38	0.60	0.813	5.7	1.5	0.6	1.413	7.012	25.91
3.38	0.508	0.70	5.7	1.5	0.6	1.208	6.99	26.19
3.38	0.508	0.75	5.7	1.5	0.6	1.258	7.05	26.09
3.38	0.508	0.80	5.7	1.5	0.6	1.308	7.06	26.05
3.38	0.508	0.85	5.7	1.5	0.6	1.358	7.1	25.95
3.38	0.508	0.90	5.7	1.5	0.6	1.408	7.065	25.92
3.38	0.508	0.95	5.7	1.5	0.6	1.458	7.11	25.89
3.38	0.508	1.00	5.7	1.5	0.6	1.508	7.1	25.86
3.38	0.508	1.10	5.7	1.5	0.6	1.608	7.14	25.79
3.38	0.508	1.20	5.7	1.5	0.6	1.708	7.1	25.75

给定 ISGW 谐振腔参数,即可从式(5.23)计算出 ISGW 等效谐振腔的尺寸参数,进而利用式(5.22)计算谐振频率。经过计算,ISGW 谐振腔的两层介质板采用 Rogers RO4003,$\varepsilon_{r1}=\varepsilon_{r2}=3.48$,其他参数见表 5.2。

表 5.2　ISGW 谐振腔的物理参数

参数	含义	取值/mm	参数	含义	取值/mm
I_c	谐振腔的长度	5.7	W_c	谐振腔的宽度	6.1
h_1	上层介质板厚度	0.508	h_2	下层介质板厚度	0.813
w_2	微带脊的宽度	1.3	p	EBG 的单元周期	1.8
d_p	EBG 的金属柱直径	0.6	d_v	EBG 金属贴片直径	1.5

本书先设计了 TE_{102} 或 TE_{201} 谐振的一阶滤波器。TE_{102} 模式的一阶滤波器的结构俯视示意图如图 5.8(a)所示,经过腔中心的两根垂直虚线将谐振腔分成四个相等区域以显示馈电位置关系。由于馈电和输出分别位于 TE_{102} 模式电场的两个最强位置,因此将激发 TE_{102} 模式。如果图 5.8(a)所示滤波器的馈电和输出位置顺时针或者逆时针旋转 90°,将激励起 TE_{201} 模式。图 5.8(a)的耦合拓扑如图 5.8(b)所示,图中 S 表示馈电节点,L 表示输出节点。

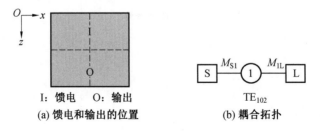

I: 馈电　O: 输出

(a) 馈电和输出的位置　　　　　　(b) 耦合拓扑

图 5.8　一阶滤波器

一阶滤波器的结构如图 5.9(a)所示。馈电和输出关于 x 轴对称,参数 d_1、d_2 表示微带脊在 z 轴方向的位置,$d_1=d_2=4.45$ mm。图 5.9(b)为一阶滤波器的 S 参数仿真结果,仅一个谐振点,谐振频率为 26.7 GHz。谐振频率 26.7 GHz 处的电场如图 5.9(c)所示,谐振模式为 TE_{201} 模式。馈电和输出的位置位于 TE_{102} 模式电场的两个中心,如果顺时针或者逆时针旋转 90°,则将激励起 TE_{201} 模式。

图 5.10 给出了谐振频率 26.7 GHz 处不同相位的电场图。相位的周期是 180°,因此,本书选择了 0°、45°、90°和 135°四个相位的电场图进行观察。可以看出四个相位的电场强弱有所变化,但电场模式没有变化,都为 TE_{102} 模式。

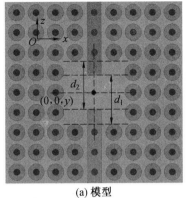

(a) 模型

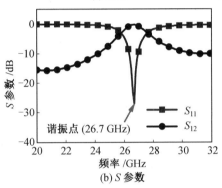

(b) S 参数

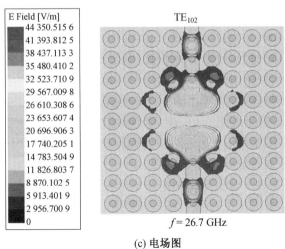

(c) 电场图

图 5.9　一阶滤波器的模型和仿真结果

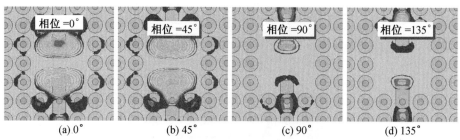

图 5.10　一阶滤波器在谐振频率 26.7 GHz 的不同相位下的电场图

5.3　ISGW 微带脊滤波器

本节介绍一种 ISGW 带通滤波器,采用微带脊谐振器,具有结构稳定、较宽阻带、自封装等优点。

1.微带交指型滤波器

传统的交指型滤波器是一种基于微带线技术的滤波器,它由一系列平行排列在介质基板上的金属条组成。这些金属条被称为"手指",它们交错排列以形成谐振腔,使信号能够多次反射并形成选择性响应。通过调整"手指"的长度和间距可改变滤波器的频率响应特性;通过调整"手指"的数量、长度和间距,可以实现不同的滤波阶数、不同的中心频率和通带带宽。由于采用微带结构,这种滤波器还具有较小的尺寸和质量,适合紧凑型系统。

在微波较低频率范围内,微带交指型滤波器具有陡峭的截止特性、低插入损耗及良好的带内平坦度。然而,微带交指型滤波器也存在一些缺点。一方面,其 Q 值通常比腔体滤波器要低,这可能会影响滤波器的选择性;另一方面,与其他类型的滤波器相比,微带交指型滤波器受到辐射损失的影响,特别是在微波高频应用中,如毫米波通信系统。

基于 ISGW 在毫米波频段较低的插入损耗,我们引入 ISGW 进行交指型微带脊滤波器的研究,包含两个类型——ISGW 类交指-Ⅰ型滤波器和 ISGW 类交指-Ⅱ型滤波器。

2.基于 ISGW 的类交指型微带脊滤波器设计

ISGW 封装的类交指型滤波器设计包括类交指型滤波器的 EBG 参数选择、滤波器输入输出设计和结构参数设计等方面,下面将一一进行分析。ISGW 微带脊滤波器的中心频率拟设置为 24 GHz。

（1）EBG 参数选择。

类交指型滤波器的 EBG 位于金属过孔介质层和间隙介质层，EBG 的介质层和间隙层的介电常数和厚度，EBG 单元的周期，以及圆形金属贴片直径和金属过孔直径决定了 EBG 的禁带频率范围，该范围近似为 ISGW 的工作频段（第 3 章中已经详细讨论）。

滤波器包括两层介质基片，底层介质板为微带线传输层，即间隙层，选用介质板材料为 Rogers RT5880（厚度为 0.508 mm，相对介电常数为 2.2）；顶层介质基片为 PMC 层，即金属过孔层，选用材料为 Rogers RO4003（厚度为 0.813 mm，相对介电常数为 3.38）。

经过第 3 章 EBG 的电路特性估算和计算机数值仿真，设计 EBG 结构的周期为 1.3 mm，圆形金属贴片的直径为 1.15 mm，金属过孔直径为 0.3 mm。经数值仿真，EBG 单元的带隙范围为 21.8～44.19 GHz，而 ISGW 微带脊滤波器的中心频率为 24 GHz，故 EBG 结构的带隙能完全覆盖滤波器设计应用的频段，在该 EBG 结构的带隙范围内能有效抑制电磁波的辐射，由此可以改善滤波器的性能。

（2）输入输出方式和关键参数选择。

微带线结构滤波器常用三种输入输出端耦合方式，分别是直接耦合结构、耦合线耦合结构和混合耦合结构，如图 5.11 所示，三种耦合方式分别具有不同的特点。本书所设计的带通滤波器使用耦合线耦合的方式进行输入输出馈电。

　　(a) 直接耦合结构　　　　(b) 耦合线耦合结构　　　　(c) 混合耦合结构

图 5.11　微带结构输入输出馈电方式示意图

基于 ISGW 类交指型滤波器的滤波单元结构如图 5.12 所示，这是一个二阶的滤波结构，该类交指型结构的设计思路来源于传统的交指型结构，输入端为阻抗 50 Ω 的微带线，通过梯形渐变结构过渡到宽度为 W_1 的微带脊，再通过宽度为 W_2 的微带脊，由间隙 S_2 耦合到交指型谐振器（包括垂直段（特性阻抗 Z_1 和电长度 θ_1）和水平段（特性阻抗 Z_2 和电长度 θ_2）的阶梯阻抗谐振器（SIR）），输出端为对称结构。

阶梯阻抗谐振器是一种常见谐振器类型，利用阶梯状的阻抗变化来实现频率选择性响应，由一段段具有不同电长度的传输线组成，每一段传输线的阻抗值

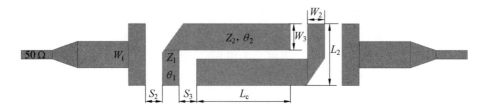

图 5.12　ISGW 类交指型滤波器的滤波单元结构

也有所不同。在阶梯阻抗谐振器中,当信号从一个阻抗较低的部分传到阻抗较高的部分时,会发生反射。如果相邻两段传输线的阻抗差与输入信号的阻抗匹配,则会发生谐振。通过调整各段传输线的长度和阻抗值,可以控制谐振器的中心频率和带宽。如图 5.13 所示为一个阶梯阻抗谐振器结构,Z 和 θ 分别表示微带线的特性阻抗和电长度。

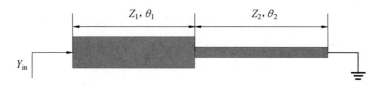

图 5.13　微带 SIR 结构示意图

单元阶梯阻抗谐振器的传输矩阵可以表示为

$$\begin{bmatrix} A & B \\ C & D \end{bmatrix} = \begin{bmatrix} \cos\theta_1 & jZ\sin\theta_1 \\ \dfrac{j\sin\theta_1}{Z_1} & \cos\theta_1 \end{bmatrix} \begin{bmatrix} \cos\theta_2 & jZ\sin\theta_2 \\ \dfrac{j\sin\theta_2}{Z_2} & \cos\theta_2 \end{bmatrix} \tag{5.24}$$

通过传输矩阵可以推得输入导纳为

$$Y_{in} = \frac{D}{B} = \frac{Z_2 - Z_1\tan\theta_1\tan\theta_2}{jZ_2(Z_1\tan\theta_1 + Z_2\tan\theta_2)} \tag{5.25}$$

阶梯阻抗谐振器的谐振条件为 $Y_{in}=0$,即

$$Z_2 - Z_1\tan\theta_1\tan\theta_2 = 0 \tag{5.26}$$

因此阶梯阻抗谐振器结构的阻抗比 R 和电长度的关系为

$$R = \frac{Z_2}{Z_1} = \tan\theta_1\tan\theta_2 \tag{5.27}$$

阶梯阻抗谐振器结构的谐振条件取决于电长度和阻抗比,同时通过调节阻抗比 R 可以确定基频和抑制调节阶梯阻抗谐振器结构的其他高次模杂散谐振频率。通过前面介绍的微带线阻抗计算公式可计算得微带线为 W_2 的宽度为 0.6 mm,对应的阻抗 Z_2 为 103 Ω,微带线 W_3 的宽度为 1.2 mm,对应的阻抗 Z_1 为 75 Ω,调节阻抗比一定程度上可以抑制带外杂散频率。

本书使用的单元耦合结构采用两个 L 型的阶梯阻抗谐振器结构组合形成耦合滤波单元,输入端和外部耦合的微带线长度为 L_2,耦合单元的耦合臂长为 L_c,L_c、L_2 的计算公式为

$$L_c = \frac{(1+a)\lambda_g}{2} \tag{5.28}$$

$$L_2 = \frac{(1+a)\lambda_g}{4} \tag{5.29}$$

由于本书交指型滤波器的结构是基于 ISGW 设计,考虑到增加的 ISGW 对计算公式的影响,本书在传统计算公式的理论上,增加修正因子 a,该修正因子表示 ISGW 类交指结构的耦合臂长与微带理论的耦合臂长的误差,通过对 ISGW 类交指结构进行优化仿真后的数据与微带结构数据之间的公式计算该修正因子,对该修正因子进行仿真优化的结果表明,当 a 的值为 0.28 时,滤波器的整体性能较好。

通过计算机仿真优化本书提出的类交指型滤波器,当 W_t 值为 1.77 mm 时,该滤波器可以得到匹配较好的性能。由于输入端使用 50 Ω 的微带线宽度为 1.5 mm,为了减小两者之间不连续的损耗影响,本书使用了梯形过渡匹配的结构。

3. 三种类交指型微带脊滤波器

基于 ISGW,本节介绍了三种类交指型微带脊滤波器,分别是枝节匹配类交指Ⅰ型滤波器、贴片匹配类交指Ⅰ型滤波器和类交指Ⅱ型滤波器。其中枝节匹配和贴片匹配是两种微带脊匹配电路,目的是实现良好的传输性能,降低电路失配带来的滤波器通带插入损耗;而Ⅰ型和Ⅱ型的区别是交指谐振器的排列是向前排列还是左右对称排列。

枝节匹配—ISGW 类交指—Ⅰ型滤波器的整体结构如图 5.14 所示,谐振器拓扑结构如图 5.15 所示。顶层基片下表面印刷有两列与两边金属过孔同周期的金属圆形贴片。底层介质基片上采用类交指微带线结构实现滤波功能,两个 L 型结构微带线构成一个耦合谐振单元,耦合臂长 L_c 为二分之一波导波长,两个耦合谐振单元呈中心对称分布,输入输出端采用耦合线馈电的方式进行馈电,耦合线长度 L_2 为四分之一波导波长。同时为了减小微带线不同宽度带来的影响,使用梯形渐变型的微带过渡结构在微带线和 ISGW 微带脊之间进行过渡,且加载两个微带匹配枝节用于改善抑制滤波器带外的杂散频率。

在 ISGW 类交指—Ⅰ型滤波器结构的基础之上,对结构进行优化,提出一种贴片匹配—ISGW 类交指—Ⅰ型滤波器,其整体结构如图 5.16 所示,谐振器拓扑

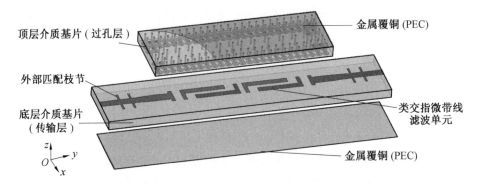

顶层介质基片（过孔层）

金属覆铜 (PEC)

外部匹配枝节

底层介质基片
（传输层）

类交指微带线
滤波单元

金属覆铜 (PEC)

图 5.14　枝节匹配－ISGW 类交指－Ⅰ型滤波器整体结构图

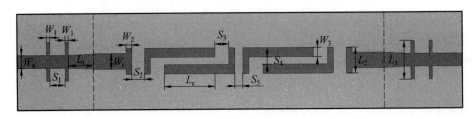

图 5.15　ISGW 类交指－Ⅰ型滤波器的谐振器拓扑图

描述如图 5.17 所示。在优化后结构中，在微带线弯折处进行切角处理，减小微带线弯折带来的不连续损耗的影响。借鉴相关文献的匹配思想，使用微带线连接输入输出端两边的金属圆形贴片作为匹配枝节，此种匹配方式可以很好地利用滤波器结构中的空间，对减小滤波器的横向尺寸有一定的帮助，最主要的是很好地改善了滤波器的回波损耗，优化了滤波器的整体性能。优化后的贴片匹配－ISGW 类交指－Ⅰ型滤波器结构尺寸参数见表 5.3。

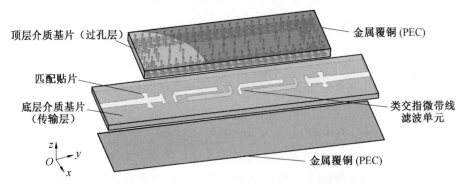

顶层介质基片（过孔层）

金属覆铜 (PEC)

匹配贴片

底层介质基片
（传输层）

类交指微带线
滤波单元

金属覆铜 (PEC)

图 5.16　贴片匹配－ISGW 类交指－Ⅰ型滤波器整体结构图

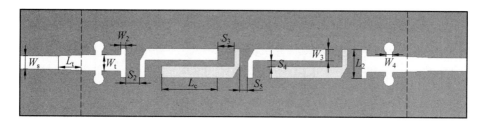

图 5.17　贴片匹配－ISGW 类交指－Ⅰ型滤波器的谐振器拓扑图

表 5.3　ISGW 类交指－Ⅰ型带通滤波器结构参数表

参数符号	数值/mm	参数符号说明
W_s	1.45	外接微带线的宽度
L_t	2.7	梯形过渡结构的长度
W_t	1.7	ISGW 结构内部输入宽度
W_2	0.6	输入输出端耦合线宽度
S_2	1.5	输入输出端耦合线和耦合单元结构的间距
S_3	1.77	L 型结构的间距
S_5	0.85	两单元耦合结构之间的间距
W_3	1.2	L 型结构微带线宽度
W_4	0.72	连接金属圆形贴片的微带线宽度
L_2	3	输入输出端耦合线的长度
L_c	6	两 L 型结构的耦合臂长度

ISGW 类交指－Ⅰ型滤波器枝节匹配和贴片匹配仿真结果如图 5.18 所示。通过仿真结果可知,由于使用 ISGW 结构对该微带线进行封装,明显地改善了性能,具有良好的选择性系数,且具有较宽的阻带性能。枝节匹配－ISGW 类交指－Ⅰ型滤波器的中心频率为 23.5 GHz,出现多个传输零点,通带最近的两个传输零点分别出现在 22.1 GHz 和 26.1 GHz,3 dB 通带范围是 22.9～24.4 GHz,通带插入损耗小于 1.6 dB,回波损耗小于－10.1 dB。贴片匹配－ISGW 类交指－Ⅰ型滤波器的中心频率为 24 GHz,两个传输零点分别出现在 22.1 GH 和 26.6 GHz,3 dB 通带范围是 22.9～24.9 GHz,通带内插入损耗最优为－1.3 dB,回波损耗优于 27.7 dB。经过枝节匹配和贴片匹配的结果分析可知,采用枝节匹配的方式带外抑制特性更好,可以完整地抑制带外杂散频率,但回波损耗特性不是太理想。而贴片匹配的方式带内回波损耗和插入损耗性能更优,但带外抑制相

比枝节匹配方式稍差。

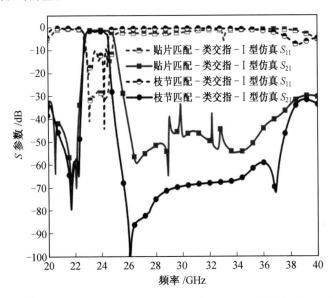

图 5.18　枝节匹配和贴片匹配的 ISGW 类交指－Ⅰ型滤波器仿真 S 参数对比

贴片匹配－ISGW 类交指－Ⅰ型带通滤波器结构的谐振器是一种向前排列。为了对比左右对称谐振器对滤波器特性的影响,本节给出第三种结构——贴片匹配－ISGW 类交指－Ⅱ型带通滤波器,其谐振器拓扑如图 5.19 所示。

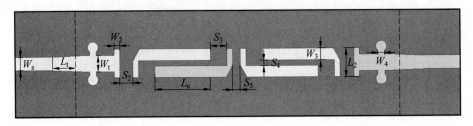

图 5.19　贴片匹配－ISGW 类交指－Ⅱ型滤波器的谐振器拓扑图

第三种结构的整体结构与第二种相似,区别在于两个耦合谐振单元呈轴对称分布,其他参数与贴片匹配－ISGW 类交指－Ⅰ型带通滤波器相同。

贴片匹配－ISGW 类交指－Ⅰ型和Ⅱ型带通滤波器仿真结果如图 5.20 所示。贴片匹配－ISGW 类交指－Ⅱ型滤波器的中心频率为 24 GHz,两个传输零点分别出现在 21.4 GHz 和 26.6 GHz,3 dB 通带范围是 22.6～24.9 GHz,通带内插入损耗最优为－1.5 dB,回波损耗优于 16.7 dB。经过贴片匹配－ISGW 类交指－Ⅰ型和Ⅱ型带通滤波器的仿真结果对比可知,两个耦合谐振单元采用中心对称的贴片匹配－ISGW 类交指－Ⅰ型滤波器,和两个耦合谐振单元采用轴对

称的贴片匹配－ISGW 类交指－Ⅱ型滤波器整体上性能相似,贴片匹配－ISGW
类交指－Ⅰ型滤波器的左传输零点更靠近通带,因此贴片匹配－ISGW 类交指－
Ⅰ型滤波器性能优良,表现为通带内的回波损耗更小,即 S_{11} 更低。

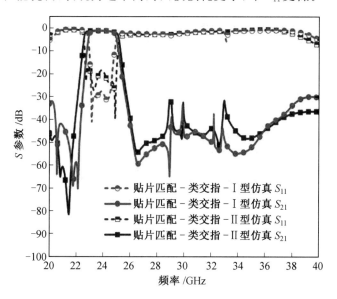

图 5.20　贴片匹配－ISGW 类交指－Ⅰ型和Ⅱ型滤波器仿真 S 参数对比

通过分析,ISGW 类交指－Ⅱ型滤波器的谐振器为微带脊。由于微带脊上的
一系列金属过孔和过孔层相连,因此通过调节这些金属化过孔既可以抑制过孔
层中的电磁波传播,也可以在一定程度上调节滤波器的匹配。

图 5.21(a)描述了耦合单元结构中的耦合臂长 L_c 对滤波器性能的影响,可
以看出耦合臂长越长,滤波器的中心频率越高。为了分析耦合单元结构个数对
滤波器性能的影响,本书分别仿真了使用 1、2、3 个耦合单元结构的滤波器,得出
如图 5.21(b)所示的性能对比图,通过分析可以得出耦合单元结构级联的个数越
多,滤波器的选择性越好,但一味地增加滤波器的级联个数,同时也增加了滤波
器的整体尺寸,因此在滤波器性能和尺寸之间需要折中考虑。

图 5.22 给出了类交指Ⅰ型带通滤波器的仿真电场分布和电流分布。从图
中可以看出滤波谐振器结构周围的 EBG 结构可以抑制电磁波不向两边传播,改
善了传统微带交指带通滤波器的向外辐射能量的缺点。

通过 S 参数仿真结果可知,该 ISGW 类交指型滤波器中引入了多个传输零
点,提高了滤波器的选择性和阻带带外抑制能力。通常滤波器的传输零点是由
于微波信号从输入到输出的过程中,有多条传输路径,由此产生了传输零点,分

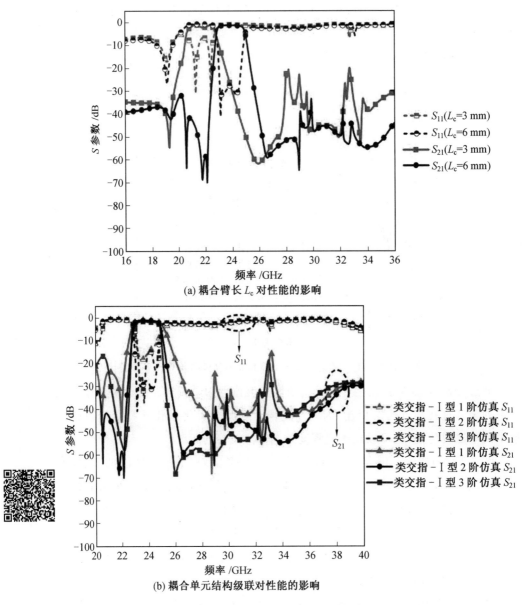

(a) 耦合臂长 L_c 对性能的影响

(b) 耦合单元结构级联对性能的影响

图 5.21　耦合臂长 L_c 及耦合单元结构级联对性能的影响

析本书所提出来的结构满足有多条传输路径的条件,信号从输入端到输出端有两条传输路径。

接下来讨论分析 ISGW 类交指－Ⅰ型和Ⅱ型滤波器中的关键参数对滤波器性能的影响,讨论的主要参数包括输入输出端耦合线宽度 W_2,输入输出端耦合

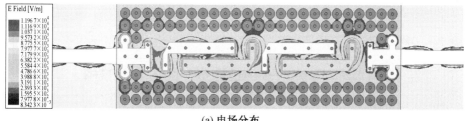

(a) 电场分布

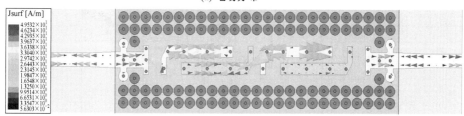

(b) 电流分布

图 5.22　ISGW 类交指-Ⅰ型滤波器的电场电流分布

线和耦合单元结构之间的间距 S_2,两单元耦合结构之间的间距 S_5,连接金属圆形贴片的微带线宽度 W_4,L 型结构微带线宽度 W_3,L 型结构的间距 S_3。

图 5.23(a)中描述了输入输出端耦合线宽度 W_2 的变化对滤波器性能的影响,W_2 的宽度主要影响滤波器的带宽,带宽随着 W_2 的增大而减小,但随着 W_2 的变大,滤波器带外的杂散频率抑制得不好。图 5.23(b)中描述了 L 型结构微带线宽度 W_3 的变化对滤波器性能的影响,W_3 的宽度主要影响滤波器的带宽,带宽随着 W_3 的增大而增大,通过前面的结构分析可知,由于 L 型结构短的一端微带线长度已固定,增加 W_3 的宽度就相当于减小两个耦合臂长之间的耦合间距 S_4,即滤波器的通带带宽随着耦合臂长之间的耦合间距的减小而增大。

图 5.24(a)中描述了连接金属圆形贴片的微带线宽度 W_4 的变化对滤波器性能的影响,可以发现该参数对滤波器的性能影响不大。图 5.24(b)中描述了输入输出端耦合线和耦合单元结构之间的间距 S_2 的变化对滤波器性能的影响,可以看出 S_2 对滤波器 S_{21} 参数影响不大,该耦合间距主要会影响滤波器的通带匹配性能。

图 5.25(a)中描述了 L 型结构的间距 S_3 的变化对滤波器性能的影响,S_3 的变化主要影响滤波器的带宽和中心频率,中心频率随着 S_3 的增大而右移。图 5.25(b)中描述了两单元耦合结构之间的间距 S_5 的变化对滤波器性能的影响,可以看出 S_5 对滤波器 S_{21} 参数影响不大。

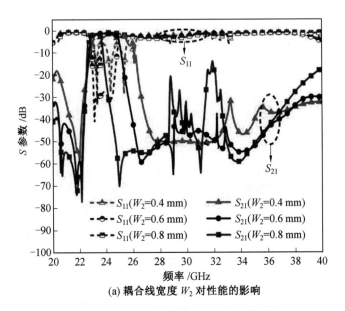

(a) 耦合线宽度 W_2 对性能的影响

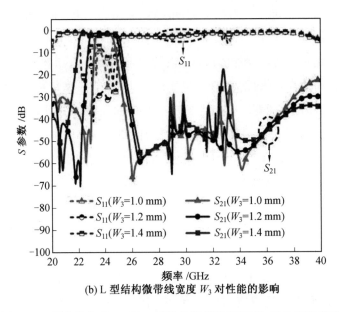

(b) L 型结构微带线宽度 W_3 对性能的影响

图 5.23　耦合线宽度 W_2 及 L 型结构微带线宽度 W_3 对性能的影响

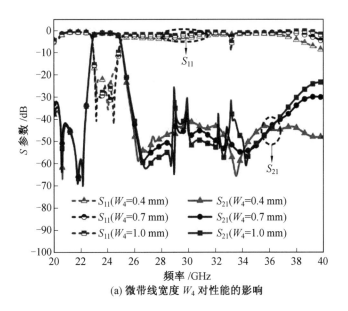

(a) 微带线宽度 W_4 对性能的影响

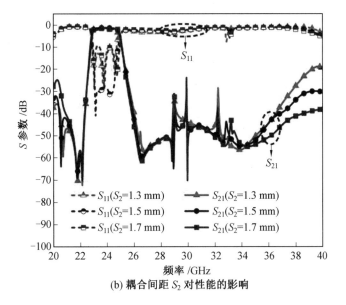

(b) 耦合间距 S_2 对性能的影响

图 5.24　微带线宽度 W_4 及耦合间距 S_2 对性能的影响

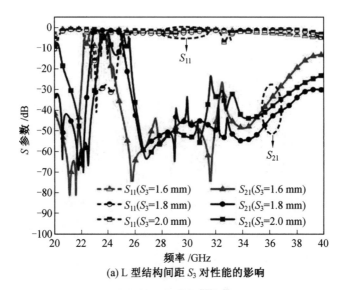

(a) L 型结构间距 S_3 对性能的影响

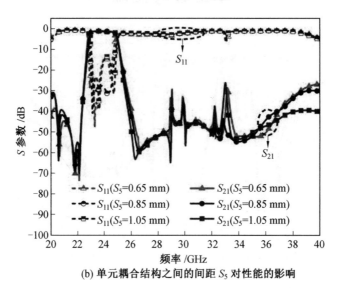

(b) 单元耦合结构之间的间距 S_5 对性能的影响

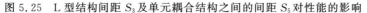

图 5.25　L 型结构间距 S_3 及单元耦合结构之间的间距 S_5 对性能的影响

5.4　本章小结

　　ISGW 在毫米波波段具有低损耗、易集成等特点,本章介绍了毫米波基于 ISGW 的腔体滤波器和微带脊滤波器的工作原理及设计过程。

　　(1)基于 ISGW 的腔体滤波器,是在蘑菇型电磁带隙结构中移除部分单元形成准谐振腔,准谐振腔的谐振模式、谐振频率经过了理论推导和数值验证。通过设计输入和输出微带脊的位置,建模了谐振模式为 TE_{102} 和 TE_{201} 的一阶带通滤波器。预计该结构在双模带通滤波器、多模带通滤波器等方面将有很大价值。

　　(2)基于 ISGW 的微带脊滤波器是对传统微带交指型带通滤波器的改进。本章首先对微带交指型带通滤波器进行了介绍,其次给出了基于 ISGW 的交指型微带脊滤波器的设计步骤,最后设计了三种结构滤波器,具有低插入损耗、陡峭的带外抑制和宽阻带特性。

本章参考文献

[1] HONG J S, LANCASTER M J. Microstrip filters for RF/microwave applications[M]. New York: Wiley, 2001.

[2] LU J C, LIAO C K, CHANG C Y. Microstrip parallel-coupled filters with cascade trisection and quadruplet responses[J]. IEEE Transactions on Microwave Theory and Techniques, 2008, 56(9): 2101-2110.

[3] LIAO C K, CHI P L, CHANG C Y. Microstrip realization of generalized chebyshev filters with box-like coupling schemes[J]. IEEE Transactions on Microwave Theory and Techniques, 2007, 55(1): 147-153.

[4] CHAKRAVORTY P, DAS S, MANDAL D, et al. Feed line optimization in pseudo-interdigital bandpass filters [C]. 2015 IEEE International WIE Conference on Electrical and Computer Engineering. IEEE, 2015: 391-393.

[5] WANG K, WONG S W, SUN G H, et al. Synthesis method for substrate-integrated waveguide bandpass filter with even-order chebyshev response [J]. IEEE Transactions on Components, Packaging and Manufacturing Technology, 2016, 6(1): 126-135.

[6] ZHU F, HONG W, CHEN J X, et al. Cross-coupled substrate integrated

waveguide filters with improved stopband performance[J]. IEEE Micro-wave and Wireless Components Letters，2012，22(12):633-635.

[7] CHEN X P，WU K. Substrate integrated waveguide cross-coupled filter with negative coupling structure[J]. IEEE Transactions on Microwave Theory and Techniques，2008，56(1):142-149.

[8] YOU C J，CHEN Z N，ZHU X W，et al. Single-layered SIW post-loaded electric coupling-enhanced structure and its filter applications[J]. IEEE Transactions on Microwave Theory and Techniques，2013，61(1)：125-130.

[9] 清华大学《微带电路》编写组. 微带电路[M]. 北京：清华大学出版社，2017.

[10] 甘本祓，吴万春. 现代微波滤波器的结构与设计[M]. 北京：科学出版社，1973.

[11] DAVID M P. 微波工程[M]. 张肇仪，周乐柱，吴德明，等译. 北京：电子工业出版社，2006.

第 6 章　集成基片槽间隙波导

金属间隙波导分为脊间隙波导和槽间隙波导,在微波器件设计方面两者各有优势。金属脊间隙波导传播 Q-TEM 模式,在天线馈电、功分器、耦合器等方面具有低插入损耗、阻抗匹配简单等特点;而槽间隙波导传播 TE 模式或者 TM 模式,在腔体滤波器设计方面具有高品质因数的特点。槽间隙波导的集成电路研究还未开展,包括集成技术及相关特性研究,本章将介绍槽间隙波导的集成电路研究。

基于 ISGW 的多层介质板、EBG 作为人工磁导体的结构特点,本章提出了集成基片槽间隙波导,简称 ISGW 槽间隙波导。第一,分析了 ISGW 槽间隙波导的传输机制,研究了影响工作模式、带宽、插入损耗的各种因素;第二,采用传输线方法对波导横截面上的端电压和面电流进行分析,推导了 ISGW 槽间隙波导的特性阻抗表达式,并通过仿真结果给出了特性阻抗的普适表达式;第三,研究了 ISGW 槽间隙弯曲波导,设计了直角弯、直切弯和圆弧弯的波导结构,降低了波不连续性带来的插入损耗;第四,通过仿真、加工测试,验证了 ISGW 槽间隙波导的优良特性;第五,设计了一款 ISGW 槽间隙波导三阶滤波器,谐振模式为TE_{101}模式,金属柱实现谐振腔之间的耦合,通过加工测试,滤波器的测试结果和仿真结果达到了较好的吻合程度。

6.1　ISGW 槽间隙波导

ISGW 槽间隙波导由两层介质板构成,如图 6.1(a)所示。上层介质板的上表面覆铜,下层介质板由中间的介质槽和两侧的三排 EBG 周期结构组成,下层介质板的下表面覆铜。

ISGW 槽间隙波导的工作机制是自封装电路。当上层介质板的厚度小于四分之一工作波长时,导带两侧的周期性 EBG 可以作为人工磁导体,防止能量向两边泄漏,将电磁波能量束缚在介质槽及其上方的介质板中。ISGW 槽间隙波导的传播类似于矩形波导,沿着 z 轴传播 TE 模式的电磁波。

ISGW 槽间隙波导的结构参数标注在图 6.1(b)俯视图和图 6.1(c)侧视图

中,上层介质板的厚度为 h_g,下层介质板的厚度为 h_v,介质槽的宽度为 w_g,EBG结构的周期为 p,圆形金属贴片直径为 d_p,圆柱的直径为 d_v。

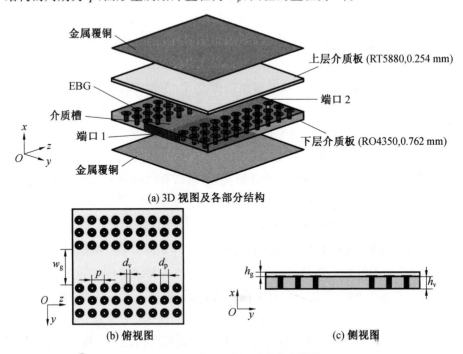

(a) 3D 视图及各部分结构

(b) 俯视图　　　　　　　　　　(c) 侧视图

图 6.1　ISGW 槽间隙波导的结构

　　为了研究 ISGW 槽间隙波导的特性,本书建立了一个工作在毫米波频段的 ISGW 槽间隙波导模型,参数设置见表 6.1。

表 6.1　ISGW 槽间隙波导的参数

参数含义	符号	取值/mm
上层介质板厚度	h_g	0.254
下层介质板厚度	h_v	0.762
EBG 单元的周期	p	2.4
圆柱直径	d_v	0.6
圆形金属贴片直径	d_p	1.5

　　先利用全波仿真软件 ANSYS 分析 ISGW 槽间隙波导的 EBG 的色散特性。不同于前面章节 CST 仿真软件得到的频率与传播常数的关系的色散特性, ANSYS得到的色散特性是频率与相位的关系,但都可以通过观察色散图中无模式传输的频率范围来判断 EBG 的禁带范围。

　　参数设置如表 6.1 的 ISGW 槽间隙波导的 EBG 的色散特性如图 6.2(a)所示,EBG 在俯视平面的两个方向上都具有周期性,即二维周期性 EBG,EBG 的禁带范围 17.3～31.3 GHz 内无模式传播。然而,ISGW 槽间隙波导的 EBG 仅在传播方向 z 轴上具有周期性,而在 y 轴方向上仅有 6 个单元。图 6.2(b)研究了只在一个方向上有周期性的 6 个 EBG 单元的色散特性,禁带范围为 22.5～36.4 GHz,比图 6.2(a)向高频移动约 5 GHz。

　　从图 6.2 的结果可知,EBG 为二维周期结构和一维周期结构的禁带范围不同,而图 6.2(b)一维 EBG 周期结构更接近于 ISGW 槽间隙波导的 EBG 排列,可以精确描述 ISGW 槽间隙波导的色散特性。

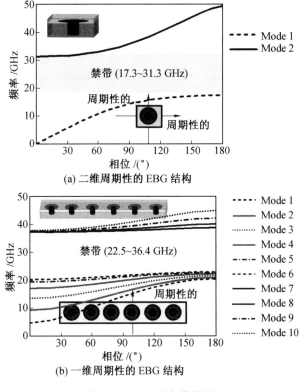

(a) 二维周期性的 EBG 结构

(b) 一维周期性的 EBG 结构

图 6.2　EBG 的色散特性

　　一维周期性的 6 个 EBG 结构的中间引入介质槽,就变成了 ISGW 槽间隙波导,周期性的方向即 ISGW 槽间隙波导的电磁波传播方向。图 6.2(b)一维周期性 EBG 的禁带(22.5～36.4 GHz)就变成了 ISGW 槽间隙波导传输电磁波的工作频段,在 EBG 禁带(或 ISGW 槽间隙波导的工作频段)内,电磁波被束缚在介质槽中传输,不向两侧泄漏。

图 6.3(a)和 6.3(b)给出了两种介质槽宽度下 ISGW 槽间隙波导单元的色散特性,在 EBG 的禁带范围内传输的模式即为 ISGW 槽间隙波导的传输模式。介质槽的宽度 w_g 分别取 0.5λ 和 1.3λ,λ 是 ISGW 槽间隙波导的中心频率处电磁波波长。设置中心频率为 28 GHz,则 λ＝5.78 mm。当 w_g＝0.5λ 时,在工作频带(22.5～36.4 GHz)内 ISGW 槽间隙波导单元的色散特性中只传输一种模式,Mode 7。因此,ISGW 槽间隙波导的传输与金属矩形波导单模传输原理相同,即波导横截面的长边为 0.5λ。当 w_g＝1.3λ 时,ISGW 槽间隙波导单元的色散特性如图 6.3(b)所示,工作频段内存在 Mode 7 和 Mode 8 两种模式,支持多模传输。

本书分别对 w_g＝1.3λ 和 w_g＝0.5λ 的 ISGW 槽间隙波导进行传输特性的仿真,结果如图 6.3(c)所示。w_g＝1.3λ 和 w_g＝0.5λ 的 ISGW 槽间隙波导的工作频段(S_{11}＜－10 dB 且 S_{12}＜－1 dB)分别为 26～36 GHz 和 21～36.5 GHz,即多模传输的工作带宽更宽。因此,接下来本书将研究 w_g＝1.3λ 的 ISGW 槽间隙波导。

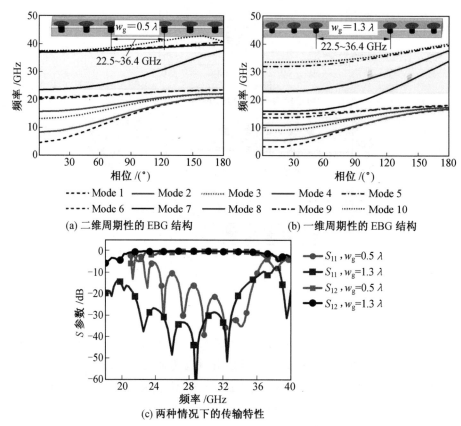

图 6.3　两种介质槽宽度下 ISGW 槽间隙波导的色散特性及传输特性

采用表 6.1 中的参数设置,ISGW 槽间隙波导的传输特性和特性阻抗的仿真结果如图 6.4 所示。

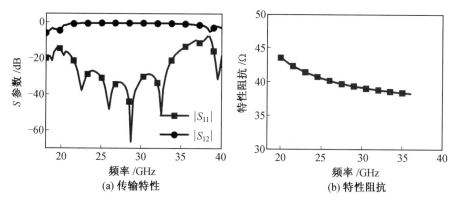

(a) 传输特性　　　　　　　　(b) 特性阻抗

图 6.4　ISGW 槽间隙波导的传输特性和特性阻抗

可以看出,在频段 22.5~36.4 GHz 之间,回波损耗 S_{11} 低于 -10 dB 的带宽很宽,且插入损耗很小,约为 0.4 dB。特性阻抗范围为 43~38 Ω,接近 50 Ω,有助于 ISGW 槽间隙波导与其他传输结构连接。

ISGW 槽间隙波导的插入损耗分为传输介质(介质板)引起的介质损耗和导体损耗(覆铜)两部分。为研究不同类型损耗对总插入损耗的影响,图 6.5 给出了 ISGW 槽间隙波导在无损耗、导体损耗(仅考虑导体损耗,介质板的损耗正切角为零)、介质损耗(仅考虑介质损耗,导体损耗为零)和总损耗(导体损耗和介质损耗都考虑)四种情况下的插入损耗特性。

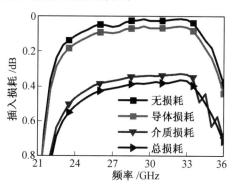

图 6.5　ISGW 槽间隙波导的插入损耗

在工作频段 24~34 GHz 范围内,总损耗约为 0.5 dB,主要是介质损耗(约为 0.3~0.4 dB)和导体损耗(仅为 0.05 dB)。因此,ISGW 槽间隙波导的损耗主要来自介质损耗,设计时应选择介质损耗较低的介质基板。

ISGW 槽间隙波导在 $w_g = 0.5\lambda$ 时传输单模（Mode 7）、$w_g = 1.3\lambda$ 时传输双模（Mode 7 和 Mode 8）。根据金属矩形波导的传输基模为 TE_{10} 模，猜测 Mode 7 是 TE_{10} 模式，而 Mode 8 是距离基模较近的模式。图 6.6 给出了 $w_g = 1.3\lambda$ 时 ISGW 槽间隙波导在不同频率下两种模式的电场分布图和 28 GHz 频率下的矢量电场侧视图。

图 6.6(a)显示了 Mode 7 激励下的电场。可以看出，在 22～36 GHz 时，电场集中于介质槽，传输性能良好，电场模式类似于传统矩形波导的 TE_{10} 模式；而在 22～36 GHz 以外，如 18 GHz、20 GHz、38 GHz 和 40 GHz，电场从介质槽向 EBG 两侧泄漏。图 6.6(b)显示了另一种激励模式（Mode 8）的电场，与传统矩形波导中的 TE_{20} 模式相似，电场中心在槽波导介质槽中的频段为 24～36 GHz，小于 Mode 7 激励时的频段范围。

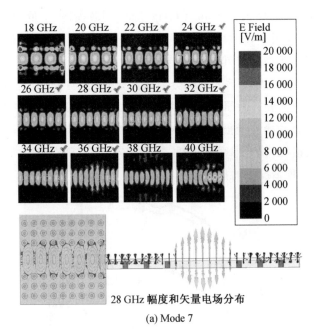

28 GHz 幅度和矢量电场分布

(a) Mode 7

图 6.6　不同频率下的电场分布和矢量电场

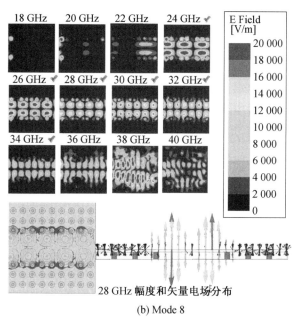

28 GHz 幅度和矢量电场分布

(b) Mode 8

续图 6.6

6.2　ISGW 槽间隙波导的特性阻抗研究

本节研究了 ISGW 槽间隙波导的特性阻抗的理论推导和仿真分析。由于 ISGW 槽间隙波导传播 TE 模式的电磁波,类似于传统矩形波导,因此,先基于传统矩形波导理论推导了 ISGW 槽间隙波导的特性阻抗表达式,接着利用特性阻抗的仿真数据拟合了特性阻抗表达式中的修正因子,给出特性阻抗的普适表达式。

ISGW 槽间隙波导的横截面结构如图 6.7 所示。ISGW 槽间隙波导传输的电磁波类似于 TE_{10} 模式,特性阻抗定义为波导横截面的行波电压和电流之比,由介质槽的横截面尺寸决定。

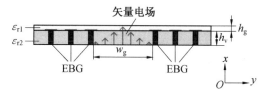

图 6.7　ISGW 槽间隙波导的横截面结构

假设 ISGW 槽间隙波导在横截面（xOy 平面）的有效长度（y 轴方向）为 a、有效宽度（x 轴方向）为 b。ISGW 槽间隙波导的特性阻抗定义为两端（x 轴方向）之间的电压 U 与两端总电流 I 的比值，表示为

$$Z_c = \frac{U}{I} \tag{6.1}$$

$$U = E_0 \cdot b \tag{6.2}$$

$$I = \int_0^a J \, \mathrm{d}y \tag{6.3}$$

式中，E_0 为槽中心在 y 轴方向上的最大电场；J 为沿顶部和底部的线电流密度，可由波导 TE 模式的场分量 H_x 计算[1]。

综合式（6.1）和式（6.2）、式（6.3）可表示为

$$I = \int_0^a J \, \mathrm{d}y = \int_0^a (-H_x) \, \mathrm{d}y = \frac{E_0}{Z_{\mathrm{OH}}} \int_0^a \sin\left(\frac{\pi}{a}y\right) \mathrm{d}y = \frac{2a}{\pi} \frac{E_0}{Z_{\mathrm{OH}}} \tag{6.4}$$

令 $\eta_0 = \sqrt{\mu_0/\varepsilon_0} = 377 \ \Omega$ 为电磁波在真空中的本征阻抗；λ_0 为空气填充的金属矩形波导的波长；ε_r 为介质填充矩形波导的相对介电常数；$\lambda = \lambda_0/\sqrt{\varepsilon_r}$ 为介质填充的金属矩形波导的波长；Z_{OH} 为介质填充的金属矩形波导传播 TE_{10} 模式的波阻抗[2]，则 Z_{OH} 可表示为

$$Z_{\mathrm{OH}} = \frac{\eta_0/\sqrt{\varepsilon_r}}{\sqrt{1 - \left(\frac{\lambda}{2a}\right)^2}} \tag{6.5}$$

综合式（6.1）～（6.5），ISGW 槽间隙波导的特性阻抗表示为

$$Z_C = \frac{\pi b}{2a} Z_{\mathrm{OH}} = \frac{\pi b}{2a} \frac{\eta_0/\sqrt{\varepsilon_r}}{\sqrt{1 - \left(\frac{\lambda_0/\sqrt{\varepsilon_r}}{2a}\right)^2}} \tag{6.6}$$

从式（6.6）可以看出，ISGW 槽间隙波导横截面的有效长度 a、有效宽度 b 和介质板的相对介电常数 ε_r 决定了波导的特性阻抗，因此，本书将推导这三个参数与 ISGW 槽间隙波导的实际尺寸 w_g、h_g、h_v、ε_{r1}、ε_{r2} 的关系。

采用 ISGW 槽间隙波导的等效结构进行推导有效参数与实际结构参数的关系。图 6.8 给出了 ISGW 槽间隙波导的两种等效结构的横截面。第一种等效结构如图 6.8(a)，将 ISGW 槽间隙波导等效为两层介质板组成的矩形波导，称为非均匀介质填充的矩形波导，其中介质槽两侧的 EBG 被电壁代替，两层介质板的厚度和 ISGW 槽间隙波导中相同，宽度为介质槽的宽度。

再将图 6.8(a)的非均匀填充介质的矩形波导等效为第二种等效结构，如图

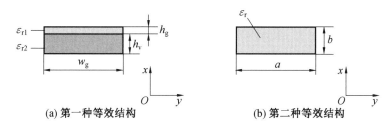

图 6.8　ISGW 槽间隙波导的等效结构的横截面

6.8(b)的均匀填充介质的矩形波导。第二种等效结构横截面的长度和宽度即为 ISGW 槽间隙波导的有效长度 a 和宽度 b,介质板的相对介电常数为式(6.6)中的 ε_r。

ISGW 槽间隙波导的下层介质板厚度 h_v 远大于上层介质板厚度 h_g,电磁波的大部分能量集中在下层介质板中。因此,假设图 6.8(b)第二种等效结构介质板的相对介电常数 ε_r 为下层介质板的相对介电常数 ε_{r2},有效长度 a 等于 w_g,则有效长度 b 应是实际结构参数 h_g、h_v、ε_{r1}、ε_{r2} 的函数,表示为 $b(h_g,h_v,\varepsilon_{r1},\varepsilon_{r2})$。式(6.6)可以重新表述为

$$Z_C = \frac{b(h_g,h_v,\varepsilon_{r1},\varepsilon_{r2})}{w_g}\frac{\eta_0/\sqrt{\varepsilon_{r2}}}{\sqrt{1-\left(\frac{\lambda_0/\sqrt{\varepsilon_{r2}}}{2w_g}\right)^2}} \tag{6.7}$$

式中,函数 $b(h_g,h_v,\varepsilon_{r1},\varepsilon_{r2})$ 部分包含了式(6.6)的因子 $\pi/2$。

根据电磁波传播,函数 $b(h_g,h_v,\varepsilon_{r1},\varepsilon_{r2})$ 分为下层介质板的厚度 h_v 和上层介质板的作用函数 $b'(h_g,h_v,\varepsilon_{r1},\varepsilon_{r2})$ 两部分,可表示为

$$b(h_g,h_v,\varepsilon_{r1},\varepsilon_{r2}) = h_v + b'(h_g,h_v,\varepsilon_{r1},\varepsilon_{r2}) \tag{6.8}$$

介质填充波导中电磁波的传播距离可以用 $\lambda t = \lambda_0 t/\sqrt{\varepsilon_r}$ 表示,其中 t 为传播时间,λ 是介质波导中的波长,λ_0 是空气波导中的波长。因此,介质填充波导的电磁波传播距离与 $1/\sqrt{\varepsilon_r}$ 成正比。因此,函数 $b'(h_g,h_v,\varepsilon_{r1},\varepsilon_{r2})$ 可以建立为

$$b'(h_g,h_v,\varepsilon_{r1},\varepsilon_{r2}) = k_f \cdot h_g \cdot \sqrt{\frac{\varepsilon_{r1}}{\varepsilon_{r2}}} \tag{6.9}$$

式中,k_f 为修正因子。

结合式(6.7)~(6.9),ISGW 槽间隙波导的特性阻抗可以重写为

$$Z_C = \frac{h_v + k_f \cdot h_g\sqrt{\frac{\varepsilon_{r1}}{\varepsilon_{r2}}}}{w_g}\frac{\eta_0/\sqrt{\varepsilon_{r2}}}{\sqrt{1-\left(\frac{\lambda_0/\sqrt{\varepsilon_{r2}}}{2w_g}\right)^2}} \tag{6.10}$$

　　ISGW 槽间隙波导的特性阻抗式(6.10)的校正因子k_f 未知,该校正因子将在本小节中确定。利用 ANSYS 软件的参数扫描,仿真 ISGW 槽间隙波导上层介质板和下层介质板的相对介电常数对特性阻抗的影响。设置激励端口不归一化,在仿真结果中可得到 ISGW 的端口阻抗,即 ISGW 的特性阻抗 Z_c。

　　特性阻抗的仿真结果如图 6.9 所示。图 6.9(a)包括了四种情况,前三种情况是两层介质板的相对介电常数相同,第四种情况 $\varepsilon_{r1}=2.2$、$\varepsilon_{r2}=3.48$ 是图 6.1 的设置。

　　图 6.9(b)是 ε_{r1} 变化、ε_{r2} 不变的三种情况。图 6.9(c)是 ε_{r2} 变化、ε_{r1} 不变的三种情况。结果表明,随着基片相对介电常数的增加,特性阻抗减小,下层介质板的相对介电常数的影响比上层介质板的影响更显著,且上下介质板的相对介电常数越小,特性阻抗越接近 50 Ω。

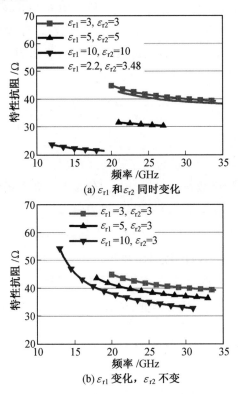

(a) ε_{r1} 和 ε_{r2} 同时变化

(b) ε_{r1} 变化, ε_{r2} 不变

图 6.9　ε_{r1}、ε_{r2} 对特性阻抗的影响($h_g = 0.254$ mm)

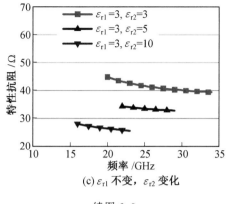

(c) ε_{r1} 不变，ε_{r2} 变化

续图 6.9

图 6.10 显示了上层介质板厚度 h_g 对特性阻抗的影响。随着上层介质板厚度的增加，特性阻抗也增加，当 $h_g = 0.381$ mm 时，波导的特性阻抗最接近 50 Ω。

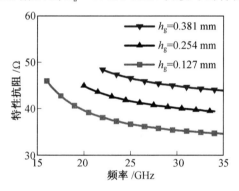

图 6.10　h_g 对特性阻抗的影响（$\varepsilon_{r1} = 3$、$\varepsilon_{r2} = 3$）

利用以上不同参数下特性阻抗的仿真结果，表 6.2 给出了式(6.10)特性阻抗的数值拟合结果。

表 6.2　ISGW 槽间隙波导的特性阻抗（$h_v = 0.813$ mm）

频率 /GHz	h_g /mm	ε_{r1}	ε_{r2}	$\overline{Z_C}$ /Ω	Z_C /Ω	误差 /Ω	相对误差 /%
18	0.127	10	10	19.09	19.41	0.32	1.68
18	0.254	10	10	21.67	21.76	0.09	0.42
18	0.381	10	10	23.25	23.56	0.69	2.85
24	0.254	5	3	33.71	33.37	0.66	1.96
24	0.254	5	5	30.90	31.04	0.14	0.45

续表6.2

频率 /GHz	h_g /mm	ε_{r1}	ε_{r2}	$\overline{Z}_C$ /Ω	Z_C /Ω	误差 /Ω	相对误差 /%
24	0.254	5	10	27.74	27.68	0.04	0.14
24	0.254	10	3	27.07	27.54	0.47	1.74
24	0.254	10	5	23.41	23.34	0.07	0.29
24	0.254	10	10	21.67	21.12	0.55	2.54
26	0.127	3	3	26.23	37.02	10.79	41.14
26	0.127	5	5	26.92	27.37	0.45	1.67
26	0.254	3	3	41.23	41.50	0.27	0.65
26	0.254	3	5	38.19	38.05	0.13	0.34
26	0.254	5	5	30.56	30.68	0.12	0.39
26	0.254	3	10	33.61	33.59	0.02	0.06
26	0.381	3	3	46.14	43.93	1.21	2.62
26	0.381	5	5	33.20	33.22	0.98	2.87

表 6.2 中 Z_C 为式(6.10)特性阻抗的理论值, $\overline{Z}_C$ 为全波仿真的仿真值。误差定义为理论值和仿真值差的绝对值,相对误差是误差与 $\overline{Z}_C$ 的比值。

利用全波仿真的特性阻抗结果,将仿真结果与式(6.10)理论结果进行拟合,得到 $k_f = 0.94/\sqrt{\varepsilon_r}$ 。相对误差结果表明理论和仿真结果误差很小,证明了修正因子 k_f 结果的有效性。因此,ISGW 槽间隙波导的特性阻抗的表达式为

$$Z_C = \frac{h_v + 0.94 \cdot \sqrt{\varepsilon_{r1}} \, h_g / \varepsilon_{r2}}{w_g} \frac{\eta_0 / \sqrt{\varepsilon_{r2}}}{\sqrt{1 - \left(\dfrac{\lambda_0 / \sqrt{\varepsilon_{r2}}}{2w_g}\right)^2}} \tag{6.11}$$

表 6.2 中频率为 26 GHz 时,第一行有一个异常情况,误差为 10.79 Ω。分析原因发现,这种情况下上层介质板的相对介电常数和厚度都是取最小值 0.127 mm,电尺寸为 0.01λ,校正因子 $k_f = 0.008$ 是一个非常小的值。公式 (6.8)可以修改为

$$b(h_g, h_v, \varepsilon_{r1}, \varepsilon_{r2}) = h_v\left(1 + 0.008 \cdot \frac{h_g}{h_v}, \sqrt{\frac{\varepsilon_{r1}}{\varepsilon_{r2}}}\right) \cong h_v \tag{6.12}$$

通过继续拟合分析,当上层介质板的厚度满足 $h_g < 0.015\lambda$ 时,上层介质板对

特性阻抗的影响几乎可以忽略。

综上所述,本书给出 ISGW 槽间隙波导特性阻抗的普遍适用表达式为

$$Z_{\mathrm{C}} = \begin{cases} \dfrac{h_{\mathrm{v}} + 0.94 \cdot \sqrt{\varepsilon_{r1}}\, h_{\mathrm{g}}/\varepsilon_{r2}}{w_{\mathrm{g}}} \dfrac{\eta_0/\sqrt{\varepsilon_{r2}}}{\sqrt{1 - \left(\dfrac{\lambda_0/\sqrt{\varepsilon_{r2}}}{2w_{\mathrm{g}}}\right)^2}}, & 0.015\lambda < h_{\mathrm{g}} < 0.25\lambda \\[4em] \dfrac{h_{\mathrm{v}}}{w_{\mathrm{g}}} \dfrac{\eta_0/\sqrt{\varepsilon_{r2}}}{\sqrt{1 - \left(\dfrac{\lambda_0/\sqrt{\varepsilon_{r2}}}{2w_{\mathrm{g}}}\right)^2}}, & h_{\mathrm{g}} \leqslant 0.015\lambda \end{cases}$$

$$(6.13)$$

6.3　ISGW 槽间隙波导的特性分析

ISGW 槽间隙波导的优势是可通过物理参数调整工作频段、特性阻抗等。本节分析了 ISGW 槽间隙波导的工作频段可调特性,然后研究了其他物理参数对插入损耗和特性阻抗的影响,最后讨论了 EBG 个数和位置对传输特性的影响。

当 ISGW 槽间隙波导的物理参数为表 6.1 时,其工作频段为 22.5 ~ 36.4 GHz,其中 22.5 GHz 称为工作频段的下截止频率,36.4 GHz 称为工作频段的上截止频率。图 6.11 分析了 EBG 的 5 个参数对工作频段的影响,包括下层介质板厚度 h_{v}、金属过孔的直径 d_{v}、EBG 的单元周期 p、上层介质板厚度 h_{g} 和金属贴片直径 d_{p}。

EBG 的理论在前面已经讨论,ISGW 槽间隙波导的 EBG 结构和图 3.2 的 EBG 结构相同,因此可以根据式(3.1)~(3.3)分析 EBG 的频率特性。

如图 6.11(a)所示,下层介质板厚度 h_{v} 从 0.2 mm 增大至 1.6 mm 时,ISGW 槽间隙波导的上下截止频率都降低,但下截止频率降低的速度更快,使得工作带宽向低频移动,带宽范围更宽。分析原因是金属过孔高度 h_{v} 增加(可比拟一根细导体的长度变长),等效电路图 3.2(c)中的电感 L_0 变大,EBG 的谐振频率降低。同样,如图 6.11(b)所示,当金属过孔直径 d_{v} 增加(可比拟一根细导体的横截面变大),等效电路图 3.2(c)中的电感 L_0 变小,导致 EBG 的谐振频率升高,同时带宽也变宽。

如图 6.11(c)所示,当 EBG 的单元周期 p 从 1.8 mm 增加到 3.0 mm 时,上截止频率迅速从 43 GHz 下降到 25 GHz,但下截止频率几乎保持不变,原因是 EBG 的单元周期越大,电感 L_0 越大,电容 C_2 越小,且 L_0 对谐振频率的影响比 C_2 更

显著。

对于 EBG 的物理参数——上层介质板厚度 h_g，根据 EBG 作为人工磁导体的原理，h_g 应小于四分之一波长。在该条件下将 h_g 从 0.1 mm 增加到 0.5 mm，从图 6.11(d)的结果可以看出，上、下截止频率均略有增加，且下截止频率增加较快，导致 ISGW 槽间隙波导的带宽略有变窄，中心频率略有增加，这是因为电容 C_1 随着 h_g 的减小而减小。图 6.11(e)中，随着 EBG 的金属贴片直径 d_p 从 0.8 mm增加到 2.0 mm，ISGW 槽间隙波导的上下截止频率都迅速减小，但带宽保持不变，原因是金属贴片 d_p 直径越小，相邻圆形贴片之间的距离越小，则 EBG 集总电路模型中的电容 C_2 越大，EBG 的谐振频率越小。

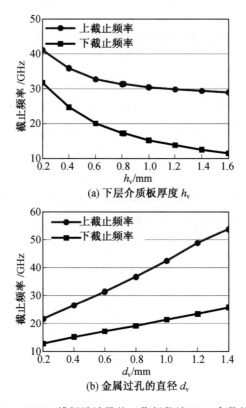

(a) 下层介质板厚度 h_v

(b) 金属过孔的直径 d_v

图 6.11　ISGW 槽间隙波导的工作频段随 EBG 参数的变化

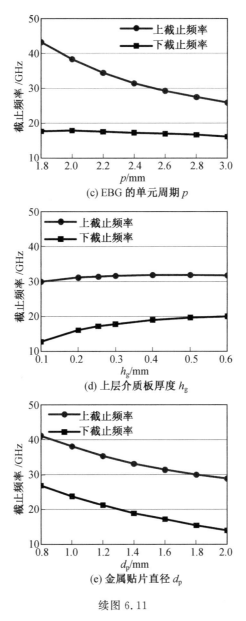

(c) EBG 的单元周期 p

(d) 上层介质板厚度 h_g

(e) 金属贴片直径 d_p

续图 6.11

　　插入损耗是限制波导长距离传输的关键因素。对于 ISGW 槽间隙波导,介质损耗(以介质的损耗正切 $\tan\delta$ 表示)和导电损耗(或铜损耗)是需要考虑的两个主要原因。两种类型的插入损耗已在图 6.5 中讨论,表明 ISGW 槽间隙波导的损耗主要来自介质损耗。本节将研究 ISGW 槽间隙波导的插入损耗受波导的物理参数的影响特性。

　　上层介质板厚度 h_g 对 ISGW 槽间隙波导插入损耗的影响如图 6.12(a) 所示。h_g 的参数变化前提是小于四分之一波长,而其中参数 $h_g=0.254$ mm 是表 6.1 的取值。随着厚度 h_g 的增加,插入损耗在低频时显著增加,而在高频时略有降低,从而使带宽变得很窄。因此,要获得一定的工作频段宽度,ISGW 槽间隙波导的参数 h_g 应尽量小。除了 EBG 参数外,上层介质板厚度也可用于 ISGW 槽间隙波导的工作频段调谐,引入了电路调谐的一个设计自由度。

　　图 6.12(b) 是介质槽宽度 w_g 对插入损耗的影响,其中 w_g 从 7 mm 增加到 7.8 mm,可以发现 ISGW 槽间隙波导在低频频段的损耗变小,高频频段的损耗也变小但变化不大,从而使固定插入损耗下的 ISGW 槽间隙波导的工作带宽变宽。因此,介质槽宽度 w_g 可以用于 ISGW 槽间隙波导的通带小幅度调谐,引入另一个电路调谐的设计自由度。

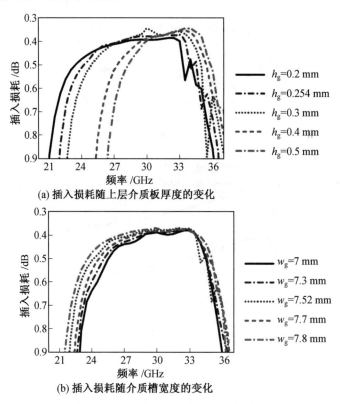

(a) 插入损耗随上层介质板厚度的变化

(b) 插入损耗随介质槽宽度的变化

图 6.12　插入损耗随结构参数的变化

　　接着讨论两层介质板的介质损耗对插入损耗的影响。图 6.13 给出了当上层介质板的损耗正切 $\tan\delta_1$ 不变时,插入损耗随下层介质板的损耗正切 $\tan\delta_2$ 变化的频率特性,而与之相对应,图 6.14 显示了相反的情况。在图 6.13 和图 6.14

中,损耗正切的取值 0.000 9 是介质板 Rogers RT5880 的参数,而 0.004、0.007 和 0.01 是在 0.000 9 的取值上递增约 0.003 得到的实验值。

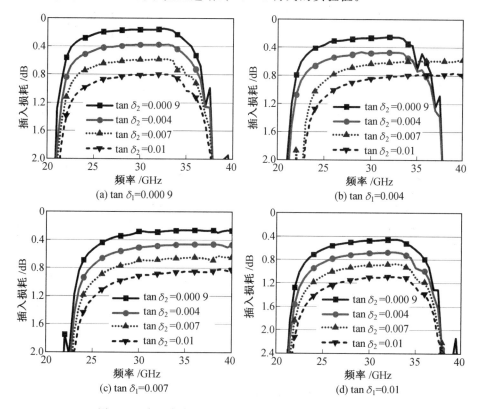

图 6.13　插入损耗随下层介质板的损耗正切的变化特性

随着两层介质板的损耗正切的增大,ISGW 槽间隙波导的插入损耗都增大。但可以看出,上层介质板的损耗正切 $\tan\delta_1$ 变化 0.003,插入损耗变化约 0.1 dB,而下层介质板 $\tan\delta_2$ 变化 0.003,插入损耗变化 0.2 dB,即下层介质板的介电损耗的影响是上层介质板的两倍。

从图 6.13 和 6.14 可以观察到,在上层介质板的损耗正切 $\tan\delta_1 = 0.007$ 的全部情况和 $\tan\delta_1 = 0.004$ 的部分情况下,ISGW 槽间隙波导的带宽突然增加了,这是由于 ISGW 槽间隙波导的上截止频率向高频移动了。通过分析可知,下层介质板主要影响波导的插入损耗,而上层介质板可以影响波导的工作带宽。

为了研究 EBG 对 ISGW 槽间隙波导的传输特性影响,对 EBG 的排数和位置进行了分析研究。图 6.15(a) 为 ISGW 槽间隙波导的 EBG 与介质槽的位置关系,在介质槽的两侧设置了三排 EBG,以防止电磁波泄漏,距离介质槽最近的一排为第一排,中间为第二排,最远为第三排。

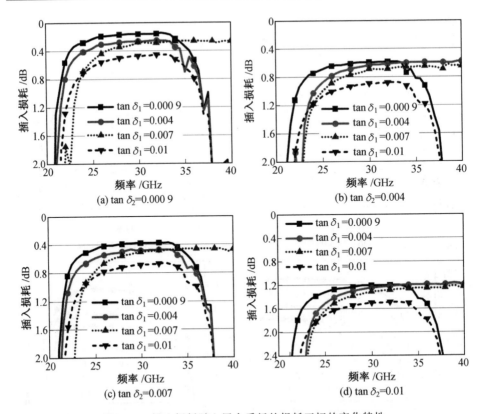

图 6.14　插入损耗随上层介质板的损耗正切的变化特性

　　首先研究了 EBG 的排数对传输特性的影响,分别设计为一排 EBG、两排 EBG 和三排 EBG,结果如图 6.15(b)所示。随着 EBG 排数的增加,S_{12} 和 S_{11} 的性能变好。EBG 从二排减少到一排时,S_{12} 减少了 0.4 dB,两排和三排 EBG 的 S_{12} 相差很小,约为 0.02 dB;三种情况下 S_{11} 的影响并不显著。因此,ISGW 槽间隙波导的结构考虑采用三排 EBG。

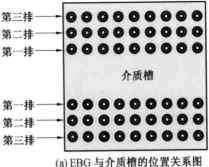

(a)EBG 与介质槽的位置关系图

图 6.15　EBG 对波导性能的影响

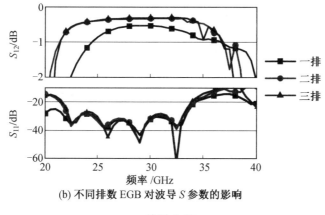

(b) 不同排数 EGB 对波导 S 参数的影响

续图 6.15

接着分析了 EBG 位置对 ISGW 槽间隙波导传输特性的影响,如图 6.16 和图 6.17 所示。

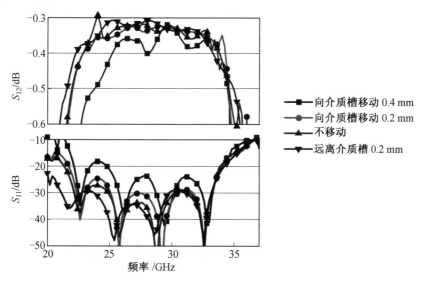

图 6.16　三排 EBG 同时移动对波导 S 参数的影响

图 6.16 为三排 EBG 同时移动对 ISGW 槽间隙波导传输特性的影响,分为四种情况:向介质槽移动 0.4 mm、向介质槽移动 0.2 mm、不移动和远离介质槽 0.2 mm。可以看出,EBG 越向槽移动,波导的传输特性越差(要求参数 S_{12} 接近 0 dB、S_{11} 接近 $-\infty$)。比起原情况(EBG 不移动),EBG 向槽移动 0.2 mm,S_{12} 降低了约 0.02 dB,而 S_{11} 增加约 4 dB;当 EBG 向槽移动 0.4 mm 时,变化更加明显,S_{12} 在低频降低了 0.15 dB,S_{11} 增加约 10 dB;当 EBG 远离槽0.2 mm时,S_{12} 和

S_{11} 的性能都变好。

 图 6.17 为单个 EBG 移动对 S 参数的影响,第一排的 EBG 对传播特性的影响最大。当第二排、第三排移动时,传输特性几乎没有变化。

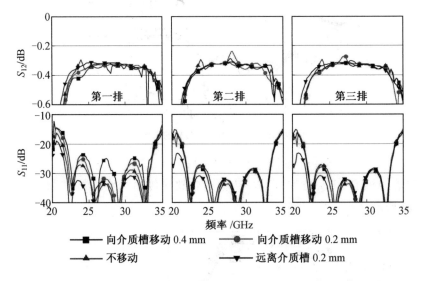

图 6.17 三排 EBG 独立移动对波导 S 参数的影响

6.4 加工测试及比较

 为验证 ISGW 槽间隙波导的性能,加工制作了 ISGW 槽间隙波导的模型,并采用微带过渡线连接 ISGW 槽间隙波导输入/输出端口和同轴射频接头,如图 6.18(a)所示。

 微带过渡线包括一段均匀宽度的微带线和一段锥形渐变线部分,它将微带线的 Q-TEM 模式转换为 ISGW 槽间隙波导的 TE 模式,并实现了 ISGW 槽间隙波导的特性阻抗向同轴接头(50 Ω)的阻抗匹配。为了测试,在微带过渡线的两端安装了两个 2.92 mm 的同轴连接器。测试设备采用矢量网络分析仪(型号为 Keysight N5234A)进行参数特性测量,结果如图 6.18(b)所示,可以看出,ISGW 槽间隙波导测试的传输系数 S_{12} 与仿真结果非常接近,特别是在 28 GHz 左右,传输系数约为 -1.5 dB。

 反射系数 S_{11} 的测试结果与仿真结果很接近,说明 ISGW 槽间隙波导具有良好的反射特性,在 22~34 GHz 范围内小于 -20 dB。但是,测试却比仿真结果多出很多极值点,尤其在 24 GHz 频率处。24 GHz 频率处的误差是由于矢量网络

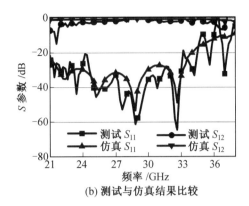

(a) 加工实物　　　　　　　　　　　　　(b) 测试与仿真结果比较

图 6.18　ISGW 槽间隙波导的加工实物和测试与仿真结果

分析仪在校准后需要连接 2.4 mm 转 2.92 mm 的转接器,还未连接波导时就引入了一个 24 GHz 频率处的反射点,使得波导的测试结果在该频率处的 S_{11} 取值很大;其余的极值点是与 RF 连接器和电触点的不适当连接造成的。

　　与传统的金属槽间隙波导相比,ISGW 槽间隙波导具有加工简单、集成度高、剖面低、设计自由度大等优点,利用较低损耗的介质基片可以减小 ISGW 槽间隙波导的介电损耗。表 6.3 比较了几种常用的集成波导和传输线在毫米波电路中的应用特点。

　　与几种空气间隙的基片间隙波导[3-6]和基片集成悬浮微带线[7]相比,ISGW 槽间隙波导的结构更加稳定,制作简单,且传输特性和阻抗特性的频率特性具有较多的可调谐自由度。

　　ISGW 与 ISGW 槽间隙波导都采用多层介质基板,具有稳定的结构。但是,两者的传播模式不同,前者为 Q-TEM 模式,后者为 TE 模式;两种结构的主要损耗也不同,ISGW 槽间隙波导的主要损耗为介质损耗,而 ISGW 具有导电微带脊,不但具有介质损耗,而且具有导体损耗,且随着频率的增加而增大。SIW 是目前毫米波电路最流行的一种单层介质板、自封装的集成波导,但其也存在介质损耗[8]。为了降低 SIW 的介质损耗,空气代替介质板的三层 SIW 也已经受到关注和研究,通过设置中空的中间层,以低空气损耗传输电磁波[5]。传统的共面波导[9]只有一层基片构成,不具有自封装特性,虽然具有良好的稳定性,但损耗随频率的增加而增加。

表 6.3　几种常用的集成波导和传输线的比较

参考文献	类型	介质板层数	空气间隙	传播模式	插入损耗的主要来源	自封装
[3]	微带脊间隙波导	3	有	Q-TEM	导体损耗	是
[4]	反微带脊间隙波导	3	无	Q-TEM	导体损耗	是
[5]	ISGW	2	无	Q-TEM	导体损耗和介质损耗	是
[6]	SIW	1	无	TE	介质损耗	是
[7]	空气填充 SIW	3	有	TE	空气损耗	是
[8]	共面波导	1	无	Q-TEM	导体损耗和介质损耗	否
[9]	基片集成悬浮微带线	5	有	TEM	导体损耗	是
本书	ISGW 槽间隙波导	2	无	TE	介质损耗	是

　　综上所述,ISGW 槽间隙波导由两个低损耗介质层构成,结构稳定且只考虑介电损耗;同时 EBG 参数等波导结构参数都可用来改变工作频段和带宽,增加了 ISGW 槽间隙波导的设计自由度;而且,在天线、滤波器等电路设计时,ISGW 槽间隙波导的两层结构比 SIW 提供了更多嵌入微扰结构的设计自由度。

　　接下来比较相同尺寸的 SIW 和 ISGW 槽间隙波导,SIW 的模型结构和参数设置参考文献 [6],仿真模型如图 6.19(a)和图 6.19(b)所示。为了比较,SIW 和 ISGW 槽间隙波导具有相同的传播长度,并采用相同的介质板(ISGW 槽间隙波导的两层介质板厚度为 1.016 mm,而 SIW 的单层介质板厚度为 1 mm)。

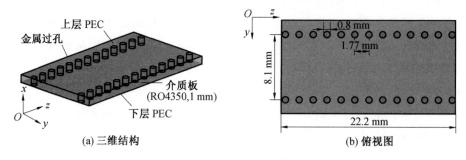

(a) 三维结构　　　　　　　(b) 俯视图

图 6.19　SIW 的仿真模型

　　图 6.20 给出了 ISGW 槽间隙波导和 SIW 的 S 参数、插入损耗和特性阻抗的性能比较。图 6.20(a)表明相同尺寸下,SIW 的工作频段比 ISGW 槽间隙波导的工作频段宽,但从图 6.20(b)的 S_{12} 的放大图形看出,ISGW 槽间隙波导的插入损耗性能优于 SIW,28~33 GHz 频段内的 S_{12} 仅为 -0.3 dB,而 SIW 的 S_{12} 为

−0.6 dB左右。与 SIW 相比,ISGW 槽间隙波导的特性阻抗接近 50 Ω(射频连接器的标准阻抗值),使 ISGW 槽间隙波导易于设计过渡到连接器。

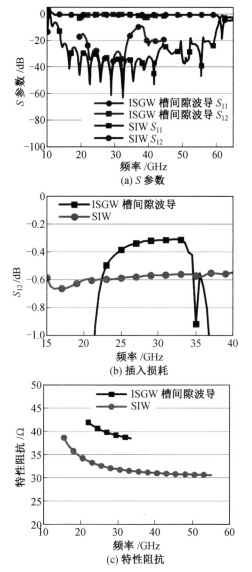

图 6.20　ISGW 槽间隙波导和 SIW 的性能比较

6.5　波导不连续性研究

ISGW 槽间隙波导在实际应用中常常需要把波导弯曲,以方便整体电路的布局,这会带来波导不连续性的影响。波导发生不连续性时,能量在不连续处发生反射，或者发生能量存储。利用切角或弧度弯曲可以降低不连续性的影响。本节通过对直角波导、直切弯曲波导、弧度弯曲波导的研究设计，设计并制作了两种弯曲波导——圆弧弯曲波导和 S 形弯曲波导，大大减小波导不连续性的影响。

有关几种波导不连续性的结构(包括直角弯曲波导、直切弯曲波导、弧度弯曲波导)的研究和全波仿真结果如下：

(1)直角弯曲波导。

首先研究了结构最简单的直角弯曲波导。图 6.21(a)给出了 ISGW 槽间隙直角弯曲波导的结构俯视图和传输特性仿真结果。

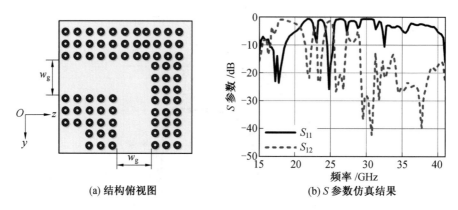

(a) 结构俯视图　　　　(b) S 参数仿真结果

图 6.21　直角弯曲波导

图 6.21(b)给出了 ISGW 槽间隙直角弯曲波导的传输特性仿真结果。可以看出，传输特性很差，在 20~24 GHz 和 26~40 GHz 两个频率范围内，S_{11} 接近于 0 dB，即电磁波完全反射回来。原因是介质槽的宽度在进入直角拐弯时发生了很大变化，产生了反射波，因此直角弯曲波导不能作为弯曲波导的选择。

(2)直切弯曲波导。

ISGW 槽间隙直切弯曲波导是将直角波导的外角切去，将拐弯时介质槽的宽度减小了，结构俯视图如图 6.22(a)所示。

从图 6.22(b)的 S 参数仿真结果可以看出，直切弯曲波导的传输特性相比直角弯曲波导有了很大的改善，在 19~32 GHz 频率范围内，除了四个频率点处出现了较大的波反射，其余的 S_{12} 取值为 −1 dB，即插入损耗仅 1 dB。因此，直切弯曲波导的性能比直角弯曲波导有了很大改善，但仍然受到波不连续性的影响。

(3)弧度弯曲波导。

为了继续降低波不连续性对波导的影响，设计了 ISGW 槽间隙弧度弯曲波导，采用弧度过渡的方式保持波导拐弯时槽宽度不变。

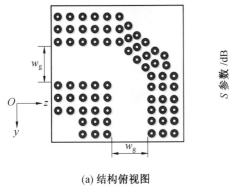

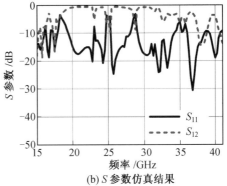

(a) 结构俯视图　　　　　　　　　(b) S 参数仿真结果

图 6.22　直切弯曲波导

图 6.23(a)给出了 ISGW 槽间隙弧度弯曲波导的结构俯视图。介质槽中心弧的圆心为 p，半径为 r，起点和终点为 q_1 和 q_2。k 是电磁波传播波数，其方向在直波导部分与波导中心线相同，在圆弧部分与半径为 r 的圆弧相切，保证了弯曲波导部分的介质槽宽度始终与直波导的介质槽宽度 w_g 相等。三种不同半径($r=8.8$ mm、$r=12.5$ mm 和 $r=16.0$ mm)的弧度弯曲波导的 S 参数仿真结果如图 6.23(b)所示，半径越大，波导不连续性的影响越小。但圆弧半径太大会导致电路尺寸大，且 EBG 的建模也存在均匀布局困难的问题。

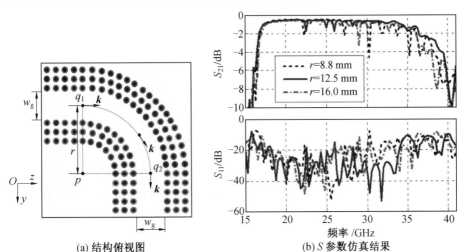

(a) 结构俯视图　　　　　　　　　(b) S 参数仿真结果

图 6.23　弧度弯曲波导

为进一步研究弧度弯曲波导的频率特性，对 $r=12.5$ mm 的弧度弯曲波导设计了微带线连接部分，如图 6.24(a)所示，所用参数和直波导的微带连接相同，两端微带线的长度各为 17 mm，波导部分的长度为 43.2 mm。

从图 6.24(b) 的 S 参数仿真结果可以看出，在低频段 18～25 GHz 范围内，插入损耗很小，约为 1.3 dB；而在高频段 25～35 GHz 范围内，插入损耗越来越高，最大值约为 2.5 dB。以插入损耗小于 3 dB 计算工作频段，该弧度弯曲波导的工作频段很宽，覆盖了 18～35 GHz。从图 6.24(c) 图的 23 GHz 频率点处的电场可以看出，不管在直波导部分还是弧度波导部分，电场都集中在介质槽中，没有向 EBG 外面泄漏，并且波反射、腔谐振等现象都没有出现。因此，该弯曲波导是一个性能优良的波导模型。

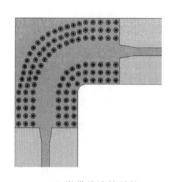

(a) 微带线连接结构

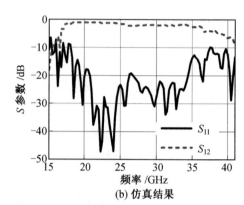

(b) 仿真结果

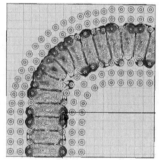

(c) 23 GHz 处波导的电场分布

图 6.24　弧度弯曲波导的微带线连接结构、仿真结果和电场分布

为了验证 ISGW 槽间隙波导的弧度弯曲结构的有效性，加工制作了弧度弯曲结构，固定、组装后的实物如图 6.25(a)，由螺丝钉固定，与 2.92 mm 的射频接头组装。测试结果和仿真结果的比较如图 6.25(b) 所示，在低频 21～25 GHz 的测试性能并不理想，其余频段的误差较小。误差原因是波导尺寸大，双层介质板之间由于不接触引起的测试误差，在测试过程中外面采用上下挤压的方式尽量固定，但效果依然达不到最佳。

为研究连续弯曲的 ISGW 槽间隙波导，还设计了 2 个转弯的圆弧弯曲波导，

(a) 加工实物

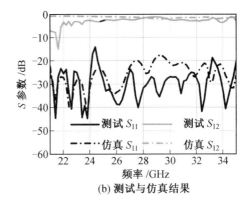

(b) 测试与仿真结果

图 6.25　弧度弯曲的集成槽间隙波导加工实物和测试与仿真结果

称为 S 形弯曲波导,其结构如图 6.26(a)所示,两个圆弧的半径同图 6.24 中的一个圆弧的 ISGW 槽间隙弯曲波导,$r=12.5$ mm。

图 6.26(b)是 S 形弯曲的 ISGW 槽间隙波导的传输特性的仿真结果。可以看出,S 形弯曲的 ISGW 槽间隙波导的性能仍然可以保证,尤其是在低频段(15～25 GHz 范围)接近直波导的性能,插入损耗为 -1 dB。但高频的插入损耗较大,在 2～3 dB。

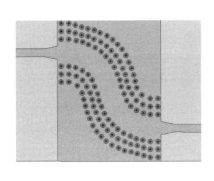

(a) 微带线连接结构

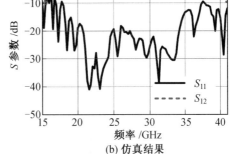

(b) 仿真结果

图 6.26　S 形弯曲的 ISGW 槽间隙波导结构和仿真结果

S 形弯曲的集成槽间隙波导加工实物和测试结果如图 6.27 所示,尺寸为 70 mm×70 mm,通过螺丝、螺帽和与介质板长宽相同的铝块(介质板下方)固定。测试结果和仿真结果的比较如图 6.27(b)所示,在低频 21～25 GHz 的测试性能并不理想,其余频段的误差较小。分析原因,除了前面提到的测试网络矢量分析仪在 24 GHz 处存在转接设备引起的谐振外,还有一个原因是,由于波导尺寸大,双层介质板之间的由于不接触引起的测试误差,在测试过程中外面采用上下挤压的方式尽量固定,但效果依然达不到最佳。

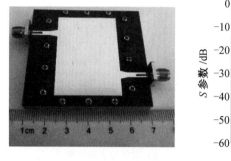

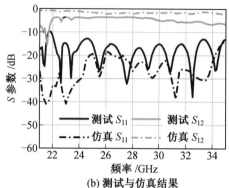

(a) 加工实物　　　　　　　　　(b) 测试与仿真结果

图 6.27　S 形弯曲的集成槽间隙波导加工实物和测试与仿真结果

综上分析,直角弯曲波导的性能最差,直切弯曲波导的性能得到提升,但不连续性的影响仍然很大,而弧度弯曲波导大大降低了波导不连续性的影响,使得 ISGW 槽间隙波导的电路具有更大的设计灵活度。

6.6　ISGW 槽间隙的滤波器研究

本节基于 ISGW 槽间隙波导设计了三阶带通滤波器,谐振模式为TE_{101},采用金属柱实现谐振腔的耦合,最后通过加工测试,测试结果和仿真结果达到了较好的吻合程度。

根据第 5 章的滤波器综合设计,以切比雪夫滤波函数为设计基准设计ISGW 槽间隙波导三阶带通滤波器。为了应用于 5G 毫米波的工作频段,三阶滤波器的设计指标见表 6.4。

表 6.4　滤波器的设计指标

参数	指标
通带/GHz	29.1~30.0
插入损耗/dB	1.5
带外衰减/(dB·GHz^{-1})	30
回波损耗/dB	−18

ISGW 槽间隙波导的谐振腔与 ISGW 的谐振腔相同,都是由周围三排 EBG 和腔体构成,但 ISGW 槽间隙波导的激励为 TE 模式,可以通过金属柱或开窗的

方式进行激励。本书的 5.2 节已经讨论了谐振腔的本征模式求解,在此不再讨论。

采用二端口网络分析,本书研究了有载情况下 ISGW 槽间隙波导谐振腔的一阶滤波器特性。ISGW 槽间隙波导一阶滤波器如图 6.28 所示,包括两层介质板,厚度分别为 h_g 和 h_v。两个端口通过金属柱与谐振腔之间发生电耦合。

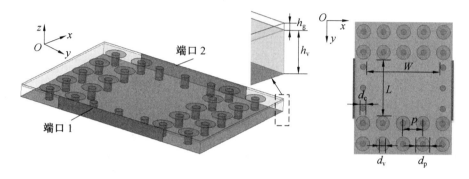

图 6.28　一阶滤波器的结构

图 6.28 一阶滤波器结构图右边的俯视图给出了滤波器的物理参数。L 是谐振腔的物理长度,为从一个端口金属柱的内侧到另一个端口金属柱的内侧的距离;谐振腔的物理宽度 W 是谐振腔两侧 EBG 的圆形金属贴片内侧的距离;谐振腔的参数还包括 EBG 的参数(周期 p、圆形金属贴片直径 d_p 和金属圆柱直径 d_v)和耦合金属柱的直径 d_c。这些物理参数和谐振腔的等效长度和宽度的关系在第 5 章中已经讨论。两层介质板都是 Rogers RT5880,物理参数为 $h_g=0.127$ mm、$h_v=0.762$ mm、$L=6$ mm、$W=8$ mm、$p=2.2$ mm、$d_p=1.5$ mm、$d_v=0.6$ mm 和 $d_c=0.6$ mm。

一阶滤波器的二端口网络特性——S 参数的仿真结果如图 6.29 所示,可以看出一阶滤波器在频率范围 25~35 GHz 内出现了一个谐振点,谐振频率为 29.5 GHz。通过第 5 章的 ISGW 谐振腔的本征模式求解方法,理论求解的谐振频率为 29.6 GHz,可以看出第 5 章的 ISGW 谐振腔的本征模式求解十分准确。

谐振腔耦合设计如图 6.30(a),谐振腔通过两排金属柱进行电耦合,耦合系数取决于两排金属柱之间的距离 d。设置 $d=2$ mm,由全波分析可以得到两个谐振腔级联的仿真 S 参数,如图 6.30(b)所示,得到两个腔的谐振频率 $f_1=29.4$ GHz、$f_2=29.65$ GHz,根据第 5 章的滤波器综合设计可以计算耦合系数。

基于以上的谐振腔和耦合,本书设计了 ISGW 槽间隙波导三阶滤波器,拓扑结构如图 6.31,其中,S 和 L 代表馈电和输出。三个谐振腔之间只存在主耦合,

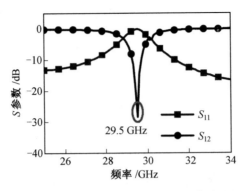

图 6.29 一阶滤波器的 S 参数的仿真结果

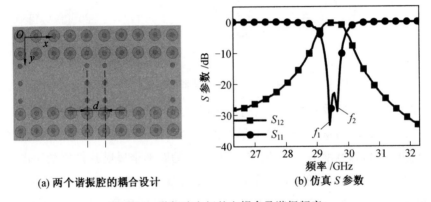

(a) 两个谐振腔的耦合设计   (b) 仿真 S 参数

图 6.30 谐振腔之间的电耦合及谐振频率

分别为腔 1 和腔 2、腔 2 和腔 3 的耦合,耦合系数用 M_{12} 和 M_{23} 来表示,腔 1 与馈电的耦合用 M_{S1} 来表示,腔 3 与输出的耦合用 M_{3L} 来表示,四个耦合都采用金属柱的电耦合实现。

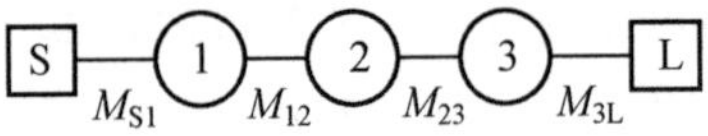

图 6.31 三阶滤波器的耦合拓扑

中心谐振频率和滤波器的相关指标设定好后,利用耦合矩阵定义可以计算耦合矩阵 $\boldsymbol{M}$。根据 3 dB 相对带宽(FBW)(计算为 3.4%)和通带的波纹系数(设为 0.1 dB),由切比雪夫滤波器设计原则,查表得到滤波器原型的元件值为 $g_0 = g_4 = 1$、$g_1 = g_3 = 1.031\,5$ 和 $g_2 = 1.147\,4$。根据耦合系数公式和外部品质因数表达式,耦合矩阵的结果为

$$M = \begin{bmatrix} 0 & 0.031\ 3 & 0 \\ 0.031\ 3 & 0 & 0.031\ 3 \\ 0 & 0.031\ 3 & 0 \end{bmatrix} \tag{6.15}$$

外部品质因数为 $Q_e = 30$。

三阶滤波器的结构如图 6.32 所示，上层介质板和下层介质板的型号都是 Rogers RT5880，参数的取值分别为 $h_g = 0.127$ mm、$h_v = 0.762$ mm，上层介质板也作为间隙层，其上表面设计了微带线和过渡结构。在介质板中，设计的中间三个谐振腔可以通过金属通道耦合，两侧 EBG 作为人工磁导体。EBG 的尺寸与 6.5 节中 ISGW 槽间隙波导的结构相同，金属过孔的尺寸与 EBG 内部的金属过孔的尺寸相同。

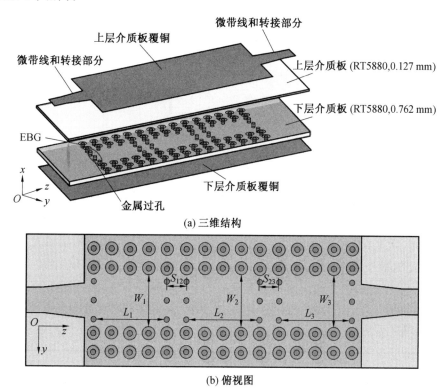

(a) 三维结构

(b) 俯视图

图 6.32　三阶滤波器的结构

为了实现理想的耦合矩阵，利用 ANSYS 软件优化了两个相邻谐振器之间的物理间距 s_{12} 和 s_{23}，结果为：$L_1 = L_2 = L_3 = 8.2$ mm、$W_1 = W_3 = 6.042$ mm、$W_2 = 6.142$ mm 和 $s_{12} = s_{23} = 2.33$ mm。

滤波器的加工实物如图 6.33(a)，两层介质板向左右延长 5 mm，通过微带线连接射频接头,介质板和射频接头都通过螺丝固定在下方铝板上。

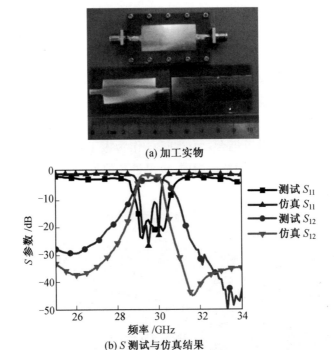

(a) 加工实物

(b) S 测试与仿真结果

图 6.33　三阶滤波器的加工实物和测试与仿真结果

通过全波仿真和测量,滤波器的仿真和测试结果如图 6.33(b)所示。仿真结果的插入损耗为 0.9～1.3 dB,带外抑制为 －30 dB/GHz,回波损耗低于 －20 dB,满足表 6.4 的滤波器设计指标;而测量结果有所偏差,测量插入损耗约为 1.5 dB,带外抑制在 －20 dB/GHz 左右,不能达到 －30 dB/GHz。原因是存在组装误差,在组装两个基片时没有紧密接触,中间留有空气,因此达不到理想的测试结果。以后加工组装可以采用热压的方式,来避免介质板之间的空隙。

6.7　本章小结

本章研究了槽间隙波导的集成化,提出了 ISGW 槽间隙波导和弯曲波导的结构,从色散特性、传输特性、特性阻抗、电场特性等方面研究了该波导的传输原理和传输特性,本章推导了 ISGW 槽间隙波导的特性阻抗。本章详细研究了 ISGW 槽间隙波导的特性,包括工作频段调谐性、插入损耗特性、特性阻抗和 EBG 参数的频率可调谐,给出了 ISGW 槽间隙波导特性阻抗的普遍适用表达式。

　　基于 ISGW 槽间隙波导,进行了滤波器的设计。设计了 ISGW 槽间隙波导单模谐振腔,以金属柱实现谐振腔之间的耦合,设计实现了 ISGW 槽间隙波导的三阶滤波器,测试结果和仿真结果达到了较好的吻合程度。

本章参考文献

[1] HEAVISIDE O. Electromagnetic theory[M]. Cambridge:Cambridge University Press,2011.

[2] YAN N , MA K , ZHANG H . A novel self-packaged substrate integrated suspended line quasi-yagi antenna[J]. IEEE Transactions on Components Packaging & Manufacturing Technology,2016,6(8):1261-1267.

[3] RAZA H,YANG J,KILDAL P S,et al. Microstrip-ridge gap waveguide-study of losses,bends,and transition to WR-15[J]. IEEE Transactions on Microwave Theory and Techniques,2014,62(9):1943-1952.

[4] VOSOOGH A,BRAZÁLEZ A A,KILDAL P S. A V-band inverted microstrip gap waveguide end-coupled bandpass filter[J]. IEEE Microwave and Wireless Components Letters,2016,26(4):261-263.

[5] PARMENT F,GHIOTTO A,VUONG T P,et al. Ka-band compact and high-performance bandpass filter based on multilayer air-filled SIW[J]. Electronics Letters,2017,53(7):486-488.

[6] JIN H,ZHOU Y,HUANG Y,et al. Miniaturized broadband coupler made of slow-wave half-mode substrate integrated waveguide[J].IEEE Microwave and Wireless Components Letters,2017,27:132-134.

[7] YAN N,MA K,ZHANG H,A novel substrate integrated suspended line stacked patch antenna array for WLAN[J]. IEEE Transactions on Antennas and Propagation,2018,66(7):3491-3499.

[8] ZHANG J,ZHANG X P,KISHK A A. Study of bend discontinuities in substrate integrated gap waveguide[J]. IEEE Microwave and Wireless Components Letters,2017,27(3):221-223.

[9] LIM J S,KIM C S,LEE Y T,et al. A spiral-shaped defected ground structure for coplanar waveguide[J]. IEEE Microwave and Wireless Components Letters,2002,12(9):330-332.